U0006373

HOW TO
MAKE **CHANGE HAPPEN?**
THE LAST MILE FROM A TO A+

讓改變發生！

————————————為何創新與轉型常困在最後一哩路？

陳朝益
David Dan ■著

「如何讓改變發生？」系列叢書 讚譽＆薦讀

——曾憲章：科技遊俠（本書作者 David 的導師）：

好友陳朝益兄出版《如何讓改變發生》這套書，與讀者分享領導力的四個關鍵主題，幫助領導者在變化多端的大衝擊時代，成就更有信任的組織與未來，值得年輕人細細閱讀。

朝益兄是台灣 Intel 創始總經理，業績傑出，戰果輝煌，甚至超越了 Intel 日本業績。在職場最高峰期，考慮到「家庭優先」，毅然決然放下職場的榮耀和對名利的追逐，開啟「人生下半場」。已陸續出版了五本書籍，並自我學習精進，提升到「高階主管教練」，協助領導者「創造改變的價值」。

朝益兄由一個科技老兵轉軌為「領導力教練」，成功轉換跑道，實現「對自己有意義，對他人有價值」的人生最高境界！值得欽佩與學習。

——駱松森（香港大學 SPACE 中國商業學院高級課程主任）：

在我們研究生的課程中，大部分的高管都是熱愛學習和追求前沿的知識，可是，在課堂討論中他們的表現不一定能夠把理論應用到工作中；陳老師用他親身經驗來告訴我們這個知易行難的問題是可以解決的，一一跟自己的內心對話，尋找感動生命的地方和努力追求激動人心的事情。當然，如果遇到不知道怎樣處理的情況，有教練的陪伴更能讓改變發生。

——陳郁敏 Ming（Happier Cafe 更快樂實驗所創辦人，漣漪人基金會共同創辦人：

「領導力從塑造自己開始」：

陳朝益教練在本書中分享他自己改變的心路歷程—從「陳總」到陳教練的自我揮灑旅程。在這個特別的旅程中，他塑造新的

自己，設計一個更精彩的人生下半場。

我不認識以前的陳總，但在現在的陳教練身上我看到：

· 他改變的決心

· 他對自己的期許

· 他有策略的計劃

· 他執行的紀律

· 他的堅持

為了做脫胎換骨的改變，他用兩年時間，離開熟悉的朋友們，專心投入於轉型路。過去以「快狠準」為傲的他，成功的蛻變成一位充滿好奇、開放、感恩和學習的人。他不怕展示自己的脆弱，更享受和別人「合作共創」新的可能。

改變自己是每一位領導者都需要的能力。

當我們每個人都擁有讓自己變得更好的能力，世界就會更美好。

──方素惠（台灣《EMBA》雜誌總編輯）：

從永遠走在前頭的科技產業總經理，到不斷要人「慢下來」的高階主管教練，David 教練自己的轉型之路，就是今天領導人最好的典範。

他累積了多年跨國領導人的實戰經驗，卻在進入人生下半場時「自廢武功」，重新謙虛地學習一門新功課：教練。然後當他再度出現在企業領導人身旁時，沒有人比他更適合來告訴大家，如何轉型，如何傾聽，如何建立團隊的信任，如何讓改變發生。

在這套書中，他的真誠、開放、樂意助人，是教練的專業，更是David 的獨一無二標誌。

——陳正榮（牧師，生命教練）：

「信任」不是點頭認可，信任必須去贏得，不是認同就可以達到的，因此它必需經過時間的考驗。信任是當原則與價值深植人心時，才可能獲得的。價值不是教出來的，而是活出來的，這就是為什麼信任很難建立的原因？因為很多人知道，但是活不出來。

——吳咨杏（Jorie Wu, CPF〔國際引導者協會認證專業引導師及評審〕，朝邦文教基金會執行長）：

身為一位專業團隊引導師，我和 David 在很多的引導／教練學習場合相會。對於他廣於攝取知識的好奇，善於學以致用的能力，我總是很佩服；更是臣服於他有使命地分享與傳播他的「教練之旅」。他自身的教練奇蹟之旅，很自然地讓人信任地跟隨他探究竟。改變就是從信任開始的，不是嗎？

在《力與愛》（Power and Love：A Theory and Practice of Social Change）一書中，作者亞當‧卡漢談到「力是自我實現的動力；愛是合一的動力」。一位教練型領導人想必會懂得平衡力與愛，以成就他人共同完成大我。一位教練就是運用透過信任連接別人，開啟改變的關鍵，不是嗎？

閱讀他的新書，彷彿向生成的未來學習，這也是面對複雜與不確定環境唯一的策略！不是嗎？

——劉匡華（5070 社會型企管顧問有限公司 總經理）：

陳朝益（David Dan）先生擔任 Intel 台灣 CEO 時，我們公司為 Intel 作獵才服務。百忙中的他只要是對的人才，任何時

間（含週末假日）他都願意面談。他任職 Intel 時，在成大校友會上有關生涯規劃的演講稿，十年後仍在網路上流傳。可見他在進入教練生涯前就是個有慧根的 CEO。

David 在這本書裡坦誠的分享了他如何從職場的 CEO 轉變成一位企業教練的心路。諸如：

「不是前面沒有路，是該轉彎了」

「信任是有效溝通的第一步。」

「改變有痛就對了」。

「（領導者）每次與人談完話想想，我說話的時間少於對話時間的 25% 嗎？」

這些句子都於我心有戚戚焉。

——潘婉茹（Effie，團隊關係與領導力教練，《夥伴教練心關係》譯者）：

領導人決定團隊改變速度：

這幾年來，「改變」議題經常在個人與組織發展議題中出現。

這套書提出「自我覺醒」往往是改變的重要開始。當人們自己意識到有改變的需要，才會付出真心承諾的行動。

主管們在組織裡的模範領導，也包含了行為改變的展現。相同的，他們也必須先意識到，自己的行為改變將會是團隊改變的重要關鍵。

當領導人願意打開自己，展示脆弱，邀請身邊的工作夥伴對於他的行為改變給予回饋——由此團隊的信任關係將逐步蔓延，而團

　　隊的改變也才會一步步發生。

——黃卉莉（慧力教練，生命・領導力・安可職涯教練）：

　　與陳教練首遇，是在我 45 歲正計畫回台，同時想要結束十年不再有熱情的財務顧問工作。但甚麼是我擅長、有熱情、覺得被重視、能幫助人、且持續有收入的天職呢？我盼望在人生下半場，冒險怎樣的英雄之旅，追求怎樣的生命經驗與意義呢？

　　依然記得當時教練陪伴我同在與同理的安全感，生命得以安歇在一盞燈一席話一段路上。就因著這樣的感動和管道，讓「改變發生」的自己現在也正走在教練修練、自我領導（self-leadership）與成人學習之路，專注在「幸福」（wellbeing）、「潛能」（human potential）與適應新時代所需的發展工具。期許這套書的讀者能成為挑戰現狀、發掘理想真我的變革者，透過生成的對話，共創一個豐盛人生／組織／社會。

——陳乃綺（上尚文化企業有限公司執行長）：

　　我學生時期在教練協會擔任志工，David 是那時候的協會理事長，在他身上我學習了很多領導者該有的風範，而在他帶領的協會中，我常擔任 Coachee（被教練者），因此我更是一個教練領導的受惠者。

　　同時，也是「教練」讓我生平第一次照鏡子，在某一位教練的資格考中，我成為一位女教練的Coachee，這也是我第一次正式接受過教練，在這之前，我常自我感覺良好，我從不覺得我的有什麼問題。而幾次的教練會談下，我突然發現…我認定自己的形象和實際的我，好像不一樣…；老實說，第一次的自我覺察，當下的感覺不是太好。

　　因為，我像是活在一個原本沒有鏡子的世界裡，我總以為我有和

明星林志玲一樣的外貌，但是當教練幫我拿出了鏡子，我內觀自己，一時很難接受，原來我有這麼多缺失，可以更好。

當人要改變自己的造型，就要先看到鏡中的自己，接受自己的外型特色，然後找出最適合的髮型、服裝來搭配，你的改變就對了。

這五年來，在經過幾位教練的協助之下，現在的我，自我覺察的能力提高很多，我也很習慣勇敢的面對自我缺失、改變自己、修正自己，已經是我常常面對的課題。而這樣的自覺能力，讓我在公司的領導上更事半功倍

本人很榮幸受邀寫序。我的禿筆卻未能盡到此書之價值，讀後實在獲益不淺，鄭重推薦給大家喔！

——王昕（德國 Bosch 總公司 項目經理）：

「一盞燈，一席話，一段路」這是陳朝益老師在我腦中最先浮現出來的一幅圖像，在過去十年來，他是我的生涯教練；從大學時代決心到德國留學，畢業後經歷經濟危機中漫長的等待，到初入職場，進而轉變職能方向和所屬行業以及後來成家，為人父母，到現在面對的是下一個十字路口，陳老師一直在我的身旁陪伴，這是我最感動的地方。個人，家庭，工作，他的生涯教練，貫穿著一種感動，是喚醒年輕人發現自己生命裡那部分被忽視遺落的感動力量。

在工作與家庭，個人與周遭，在陳老師的陪伴裡，自己體會最深的部分，其實是理解人的部分和關於愛的力量。人都具有相同的最本質的部分，那就是愛和信任；人，都具有相通的相處過程，是接納，尊重和信任。在職場和家庭，不同的場景卻都需要相同的那一個「有擔當」（Accountability）和「有溫度」的人，如陳老師所說的，我們不應僅僅看到人表象的行為而真正注意到他深層次的動機，去「尊重」（Respect），去「感激」（Appreciate），

去用動機回應動機，做一個在困境和危機中靠得住的舵手，主動地駕馭你生命的船。

改變只是在轉念之間，年輕人那種一時無望的焦躁感和失去方向的無力感，就僅僅會被教練的一句話而驚醒，像是「不是背上的壓力壓倒我們，而是我們處理壓力的方法不對」，又比如我們常懷疑「人生的道路，到底是事業第一還是家庭優先？」教練正是那個在關鍵時刻能喚醒你的人。

人生就像一場關於信任，改變以及自我領導力的革命，關乎你，我，家庭和職場；陳老師幫助了我，也希望他的這套書能成為你生命裡的光和鹽，祝福你。

讓改變發生！

目錄

推薦文 1

一盞燈、一席話、一段路

佘日新 教授（逢甲大學講座教授、財團法人中衛發展中心董事長）

一個動態的世局，只有可能、沒有答案。

「動態」源自於世界的複雜，複雜之間又因開放的鏈結，因果關係變得更為複雜。全球化三十年來，歧見鴻溝日益加深、貧富差距日益加劇、各個階級的對立日益明顯，各國政治領袖的政見多流於「只有感動、難有行動」的困境。

近五年來，伊斯蘭世界受到正式或非正式的勢力打破了均衡，從「茉莉花革命」引發的北非動盪、到兩伊的板塊移動、到敘利亞內戰引發的難民潮、牽動了西歐的不安定、到英國脫歐，一張張骨牌般傳導了不安與不滿的情緒與情勢，我們所期待的政治領袖似乎一再令人失望。貧富差距加重了產業領袖肩上的擔子，全球產業急行軍了二十年，過剩的產能、均一的產品、企業的社會責任、生態與環境的挑戰，在在挑戰著企業領袖的領導能力，就業與所得在經濟動能普遍不足的狀況下，成

為政府與一般民眾對企業主的殷殷期許，但，真正能展現「創業能量」（Entrepreneurship）以突圍的領導力仍是偶然、而非必然的。

認識朝益兄有好一陣子了，他應該是我所認識最認真的退休人士。往來於美台之間，每次回美國總是排滿了教練課程的進修，汲取先進經驗中的最新知識，內化、轉化為台灣情境可以運用的教練方法，回到台灣就風塵僕僕地陪伴亟欲從他那兒獲得教練引導的專業主管。三不五時，我會邀請他到大學去向高階主管講授「教練學」（Coaching），對台灣主管而言，尚在賞味期的「教練學」宛若大旱逢甘霖，對朝益兄有別於過往的「訓練課程」（Training）和「導師制」（Mentoring）的教練學深感著迷，高階課程的學生爭相接送老師的盛況，反映了學生想從老師那兒多挖些寶的渴望。我們也私下洽談在各種平台上合作的可能性，無非就是希望對於家鄉的人才多盡上一點棉薄之力，讓人才成為家鄉再現風華的重要基石。

朝益兄這系列有關教練的套書，主題分別為「信任」、「如何建立自己獨特的領導風格」、「如何讓改變發生」、「傑出領導者的關鍵轉變」與「如何讓改變發生的 50 個關鍵議題」。在書中，朝益兄不改其長年任職跨國大公司的溝通與記憶方法，

提出如「5C 架構」、「SCARF」、「GROWS 2.0」這些智慧
與執行的框架，潛藏在書中各個不同章節中，等待讀者去採礦。
其中，有一個新的字詞閃亮登場：「領導加速器」（Leadership
Accelerator），吸引了我的注意力。

　　全球這些年受到德國「Industrie 4.0」的啟發，紛紛推出
跨世代的代別註解，富二代有別於擁有大量財富的創業家、行
銷 4.0 傳遞的是一個迥異於過往三代行銷手法的新型態行銷。
加速器是創新驅動的經濟體中，至關重要的創新（業）育成中
心（孵化器）的進階版，但那個加速器不是一個當下紅遍全球
的「創客空間」，也不是一個政策獎勵，而是我最喜歡的「一
盞燈、一席話、一段路」。

　　第一次聽到朝益兄說這三個一，腦中即浮現生動且深刻的
畫面，因為我的妻子明軒過去二十年的工作就是「一對一」，生
命的積累一點也加速不來。當一個高階主管踏遍了大江大海、
呼喚了大風大浪，真正能撼動得了內在的所剩無幾，正如經典
名著《小王子》的那句經典台詞：「只有用心看才看得清楚，
重要的東西是眼睛看不見的。」那些高貴、無形、又深邃的礦
藏，不但無法迅速開採、也無法大量生產，自然也無法以教育
訓練或導師制加以開採的，時間是必經的歷程、壓力是結晶的
根源、陪伴是支撐的鷹架，一個有經驗的教練扮演的角色影響

這類工程品質甚鉅，等「礦坑的鷹架」拆除，顯現出來開採的成果是不太值錢的煤、亦或是價值連城的鑽石，即決定了高階主管對自己的交代、對組織的承諾、與對社會的貢獻價值。

　　當前舉世公認最強大的「精實管理」，起源地豐田汽車有一個理念是「造車先造人」，這句話值得我們細細品味。人是一切的基礎，但大多數組織卻花很少的精神與時間「造人」；就是因為人造得不好，所以組織呈現的是混亂居多，弔詭地否定了組織存在的價值。造車，工人們可依照設計藍圖施工，但掙扎著要造人的我們卻連生命藍圖都沒有，更諷刺的是連自己的藍圖都沒有；一路揣摩、一路失敗、一路奮起，其間有的是人生的精彩、有的是人生的悲哀。「孤峰頂上、紅塵浪裡」描寫的正是領袖（高階主管）的孤獨與險惡，幸運的人有同伴願意傾聽、最幸運的人則有教練願意以一盞燈、一席話、一段路，陪伴你邁向人生的精彩。

　　這是一個動態的世局，只有可能、沒有答案，答案要自己了悟！

推薦文 2

誰先學會改變，才是真正的領導者
劉寧榮 教授（香港大學 SPACE 中國商業學院總監）

　　陳朝益先生是一名出色的教練，也是與我們中國商業學院
（ICB）合作無間的老師和一位值得信賴的老朋友了。ICB 成
立以來，我們合作過的老師無數，但真正能靜下心來寫書的並
不多。這次看到他又有新作出版，恭喜之餘亦有些許感歎。這
個年代，互聯網充斥我們的資訊世界，我們又都被日常的瑣事
完全占據，能讀書的機會本來就少，能引人共鳴的好書更是越
來越少。

　　他的這套系列著作《如何讓改變發生》引起了我的共鳴。
和今天許多的中國企業一樣，ICB 也正經歷著飛速發展期，這
套書中提到改變的四個階段：「信任」、「獨特的領導風格」、
「如何讓改變發生」以及「高管的最關鍵轉變」，我們每天都
在面對。用陳先生的話說，是「從管理走到領導的新境界」。
我想，僅憑這句話的「境界」，就值得我們去讀一讀這套書。

　　其實，對於管理，老祖宗們很早以前就教給我們了。我們

從小就知道的「知人善任」;「用人不疑,疑人不用」;「誠信為本」……恰與今天的組織對內要建立上下屬之間的信任關係,對外要樹立企業形象、維護企業信譽等等概念不謀而合。然而,中國人本身骨子裡對人際交往採取的「謹慎」態度,老祖宗也一樣提醒了,「防人之心不可無」嘛!到了今天,團隊之間需要互相「信任」的道理大家都懂,真做起來,就不是那麼回事了。

同樣,企業誠信是從前中國人從商的最基本守則,從紅頂商人到「徽商」、「晉商」,中國人是最早把為人處事的最基本道理帶進商業流通領域並一以貫之的。很可惜,這些做人做事的淺顯道理不少人都拋之腦後了。因此我們有必要好好審視自己做企業的良心,建立企業的良好形象,贏得社會的信任。而信任不僅是一個社會可以和諧發展的重要條件,也是一個企業可以長青的基礎。

我還想說幾句關於「領導風格」的問題。綜觀歷史長河,出色的領導者一定有其獨特的個人風格與個人魅力,這一點毋庸置疑。關鍵的問題,是怎麼樣從「管理者」蛻變為具有「獨特領導風格」的領導者。我總以為,領導者所具備的某些共同的要素是與生俱來的,與其個人性格、生活背景密不可分。中

國兩千年的「封建」史，名垂青史的不過那幾位皇帝，他們個個具有不凡建樹，連帶著他們那些時代的真正管理者——大臣們，也是一批批地出現。可見，管理者本身蛻變為領導者之後，剩下要做的事就是批量製造更多高品質的「管理者」了。如果領導者只是一味地著眼於企業營運，卻不重視培養管理人才，提供人才發展的階梯，便也做不到陳先生在書裡說到的「華麗轉身」，或去思考如何讓企業「永續發展」，從而成就自己的生命高峰了。

最後，再來說說「改變」。陳先生在他這套書裡所說的改變，背後的原因不外乎兩個：一來外部環境變得太快，英國人說「脫歐」轉眼就真的脫了；二來也有這樣的情況，真的有那麼些人，居安思危，在被改變之前首先改變自己。在我看來，後者才是真正的領導者。現如今，全球的企業都在面對改變，而這些改變又往往是領導者所引領和推動的。在無形的商業戰場裡，誰能快人一步的改變，誰就是最終的勝者。

2016 年 8 月，香港

推薦文 3

領導，在領導之外

黃清塗（基督教聖道兒少福利基金會 執行長）

　　我在 2011 年接下基金會執行長，對於這個新的單位的發展還是帶著忐忑的心；那時有機會拜訪當時「台灣世界展望會」杜會長，他提醒我，「領導者應該多問題，而非講過多的話。」它就如同一把鑰匙，開啟了我個人領導另一個探索之門。

　　我服務的基金會屬於中介型的組織，對於接受協助單位的績效會持續追蹤，發覺多數單位執行績效與團隊組織負責人的領導思維息息相關。我回顧自己的領導養成是沿路摸索，如同走在漆黑的隧道中，內心戰兢，深怕出什麼差錯，渴望有個扶持，內心有種不知道何時可以看到盡頭亮光的徬徨與煎熬。基金會乃研議開領導方面的課程，在 2015 年初與陳哥有機會合作，除了提供協助單位夥伴團隊訓練的機會，自己也再經歷一次系統性領導的內在對話、驗證與學習。

　　團隊若以領導者意志為核心，將個人成功的經驗或想法強加在下屬，要求服從，下屬只是遂行領導者意志的工具，組織

將呈現單一向度，團隊中的成員個人創意無從發揮。今日已經進入個人化的網路社群時代，環境變化與多元型態更加劇烈。前線任務執行者決策能力的強化可以建立更迅速回應環境變化的組織，錯誤將成為個人與組織成長的養分。

　　理想的職場既是工作場域也該是成長的處所。主管若能相信員工有解決能力，站在員工的同一邊，而非對立面看問題。透過提問釐清問題、協助員工覺察盲點與建立目標，最終建構員工的思維架構。員工承擔任務即是內部彼此對話的基石、建立信任媒介，甚至是人才培養的管道。由於員工在任務完成過程高度的參與，對工作有強烈的擁有感，當責感由心而生，而非來自於組織的要求。

　　若對管理與領導下這樣的定義：「管理著重看的見部分的處理，領導則是看不見部分的面對。」以 101 大樓為例，管理是大樓的外貌或施工品質。領導的信念如同穩大樓重心的阻尼器，設計的良窳決定在地震或高風速的狀況下，大樓主體的搖晃程度，除影響住戶舒適及長遠對建築主體安全的影響。

　　我自己曾有過和伴侶鬧僵的經驗，也會和員工也有過正面的拉扯，曾有過不被信任的經驗，自己的行事風格可能會讓員工經歷這種憤怒與沮喪。這些看起來極為瑣碎、相關或不相關

工作上的事，卻不時挑戰個人領導的信念。「你願意人怎麼待你們，你們也要怎樣待人。」信仰裏古老的提醒，對領導者仍然鏗鏘有力。

　　被外部期待的工作表現、環境挑戰與內心恐懼，如一層層灰土覆蓋在自己作為一個人與對待人的初衷。我是誰？相信什麼？想看到什麼？是每個領導者必須自己填寫的答案。「信是所望之事的實底，是未見之事的確據。」這一趟信心之旅，我還在途中，教練幫助我點亮了那一盞燈，讓我看到希望。

　　朝益兄本身產業界的經歷豐富，退休後個人孜孜不倦的在領導這個領域進修，我其中受益者之一。他這套套書出版，提出領導中許多重要的概念，並輔以案例說明，對領導者將有醍醐灌頂之效。

2016 年 7 月 31 日

系列叢書 作者序

昨日的優勢擋不住明日的趨勢
——學習改變是我們唯一的出路

這是個產業變革翻天覆地的時代。

「多元，動態，複雜與不確定」（DDCU, Diversity, Dynamics, Complexity, Uncertainty）已是這種時代的常態。

許多的領導人和經營團隊都明白：「不是前面沒有路，而是該轉彎了」，他們更需要比過往任何時刻更多的「學習力」和「應變力」去面對這樣的環境。

可是，許多領導者都「知道」要改變但是卻「做不到」，我花了許多的時間來研究和探討這其中的因由，最後我總結了幾個關鍵課題：

- 知道但是做不到：我知道它的重要性，但是不知道「如何才能讓改變發生」？

- 如何由管理轉型到領導：如何從「要我做」轉化到「我要做」？這說來簡單但是做起來不容易，如何讓員工樂意參與貢獻？

- 斷鍊了，該怎麼辦？「信任」是有活力組織的關鍵粘著劑，領導者們知道它很重要，但是卻不知道怎麼做到？

- 如何學習領導力？許多人怎麼學都學不像，心裡好挫折，也不願意成為另外一個人，如何長出自己最適合的領導樣式？

做為企業高管教練，我深深感受到華人社會的這段轉型路走起來並不順暢，有些原因是來自「自我內在對過往成功的慣性或是驕傲」；也有些原因來自「對未來的不確定性的恐懼」或是「不知道該怎麼辦到」？「改變」本來就是一條大家都沒有走過的路，在以往的經驗裡，企業組織及至個人，就是藉著培訓或是專業顧問來面對這些挑戰，但是這些手段已效果不彰，怎麼辦？

" 用進化版的自己面對明天 "

處在這樣的時代裡，唯一不會變的就是「必定需要改變」

這件事，因此如何「學習，覺察，反思，應變」是必要的基本功，對於我自己，我每週都會定期問自己這幾個問題：

- 在過去這段日子，我感受到什麼變化？
- 我做了什麼改變？
- 我從中學習到什麼？
- 下一步，我如何能做得更好？

對於我的教練學員，我也期待他們定期問自己和他的「支持者」（Stakeholder）兩個簡單的問題：

- 在過去這段日子（基本上是一個月）你觀察我做對了那些事？
- 在下一個階段，你建議哪些地方我可以做得更好？

我常用「Cha-Cha-Cha」作為公開講演的題材，它指的是「改變（Change）—機會（Chance）—挑戰（Challenge）」，在每一次改變中會存在許多的機會，但是中間也同時存在許多挑戰，有些人受限於他們自己過往的經驗，比如說「這不可能，太困難了」而選擇放棄，他們面對不確定性恐懼的態度則是「不

管三七二十一，逃了再說」（Forget Everything and Run）。

但是，也有許多人敢於面對這些挑戰，他們也會有恐懼並經歷過許多困難，但他們選擇「勇敢面對，奮勇再起」（Face Everything and Rise-up），也許會經歷失敗，但是這卻磨練了他們的筋骨，越戰越勇；在這種多元多變化的時代，一個人的成功不再只靠自己既有的素質或是本質，如何發展自己的「潛能」，開展自己特有的「體質和特質」，積極面對以跨越和實現「明天的趨勢」，正是這套書所要專注的課題。

我將在這套書中呈現的，不是那種有關「你應該怎麼做…」的知識性、「灌能式」領導力傳道書。做為一個專業的企業教練，在我心中沒有「最優秀」只有「最合適」的領導力，每一個領導人的行為會因為不同環境和氛圍而產生改變，比如說，它會因為不同的「所在地，組織／團隊文化，時間，場域，人文風情，環境氛圍，組織內領導人或是團隊的管理和領導方式，服務的對象…，」等而會有所不同（也必須有所不同），有智慧的人會因地制宜，做出最佳最合適的轉換，這是「適應環境的能力」或稱為「應變力」。這不只是要靠知識和經驗的積累，更需要能「開竅」激發出領導人的智慧潛能；我們要如何能達成這個目標呢？這即是這套書的寫作動機，我將試著由以下這些方法來闡述：

- 專注在「華人文化氛圍」內領導力的「Cha-Cha-Cha」。
- 使用教練和引導型的對話和故事型的案例陳述,而不是「教導型」的論述。
- 在每一個關鍵環境,引導讀者「反思,轉化,應用,行動」(RAA: Reflection, Application, Action);我個人深切的理解「暫停」的力量,這是我們回來自己「初心」的時候,也期待讀者們在這套書中多問自己:「我在哪裡?我選擇去哪裡?我該做什麼改變?」

"「換軌與精進」"

這也是一套與領導力有關的「換軌,精進」自我教練書,有人曾經問我管理和領導的差別是什麼?我給他們的簡單答覆是:

- 管理是「要我做」,領導是「我要做」。
- 管理是「著力在人性的弱點」,領導是「著力在人性的優點」。
- 管理是「有效率的將事情做好」,領導是「吹著口哨有

效率的將事情做好」……。

這些都是一聽就明白的淺顯論述，我的使命不在分享「管理和領導是什麼、不是什麼」，有關這些知識的書籍汗牛充棟，我的使命是協助有意願改變的人「如何讓改變發生？」，並因此成為一個傑出的領導人。

有人說「知難行易」，也有人倒過來說「知易行難」，做為一個生命教練，我則要說：「由知道到行道是世界上最遠的距離」，如何協助被教練者優雅的轉身是身為教練最重要的價值。

同時，這一系列四本書的價值或許也不在於它傳遞的知識內容，而是它帶給你的感動和行動力量，希望能引導出你對組織和社會改變的價值。同時，我也希望保持每一個主題書的獨立性和完整性，而不必再去參考其他的書籍，包含本套書和我個人以前的著作，你可能會經歷到到一些重新出現的圖表或是教練工具，在此先行致意。

以下容我簡單敘述這套叢書中每本書的內容：

◆（1）信任（Trust）：

我們有許多的組織「斷鍊了」，可是最高領導人毫不知情，還是自己感覺良好；大家都有騎自行車斷鍊的經驗，在組織裡，

許多高層主管非常的努力，兢兢業業的在經營，可是團隊就是
跟不上來，有位董事長就告訴我「為什麼我事業這麼成功，但是
我還是這麼辛苦？」在和他的高層主管面談後，我告訴他「組
織斷鍊了，這裡有嚴重的信任缺口」，原因很多，不是簡單的
「計劃趕不上變化，變化趕不上老闆的一句話」，還有更深層
的「信任危機」，在這本書裡，我們要專注的是：

- 如何覺察斷鍊？
- 如何建立信任？
- 如何分辨信任？
- 如何重建信任？
- 如何檢驗信任的強韌度

◆（2）如何建立自己獨特的領導風範（Build Up Your Signature Leadership Style）？

　　這是我的招牌教練主題之一，在各組織或是在EMBA裡最
被需求的課程，它是我個人過去三十餘年來研究實踐後的領導
力發展結晶。

　　大部分的組織現在正由「管理」轉換到「領導」的道路上；
管理是科學，它可以學習和複製，但是領導則不同，它不再只

是「懂就夠了」的知識，而是要「歷練後才能擁有」的個人能力，要在「歷練，反思，學習」過程中長成，一步步發芽成長，它需要時間，也需要一些錯誤學習的經歷；我的企圖心是不只要能「傑出」，更要能成為有「風範」的領導人，我在這本書的三個主要議題是：

- 教練型領導力（Coaching Based Leadership）
- 建立個人獨特的領導風格（Build Up Your Signature Leadership Style）
- 領導風範（Executive Presence）

在本書裡我不打高空，只針對這些主題作了清晰的闡述，有原創模型，自我的現況檢視表和工具箱，一步步幫助讀者走出來你自己的領導風格；沒有對錯，只有「選擇」哪一個方式對你自己最合適，那就是最好的答案。

◆ （3）如何讓改變發生？

　　坊間有太多的書是談「改變」，這是「知識」，「懂知識」還不能夠改變，要能衝破那「音障」走過那「死亡之谷」，改變才能發生。聖經裡有段話非常的傳神「立志為善由得我（知

識），行出來由不得我（行動）」，你認同嗎？為什麼呢？這是神在人體上設計的奧秘，所以我也稱這本書是「人體使用手冊」，由人的本質來理解如何來讓改變發生？不談理論，懂還不夠，要敢於跨過這「恐懼之河」，走出來，做出來。

這本書以教練的專業和「合力共創」的精神來和讀者一起來啟動改變，讓改變發生，我們要深入人的內心世界，探索我們的心理狀態，找到自我改變的理由，動機和動力，自己來啟動改變，來完成由「要我做」到「我要做」的轉型。書裡頭有心理層面的探討，也有執行面所需要的工具箱，讓改變發生，成為常態。

我們使用教練流程，不是說「你應該…」而是探索「你想要…」的可能，讓每一個人願意做真誠的自己，扮演他自己作為領導人的角色，讓團隊看見陽光和希望，成員們願意參與和貢獻，自己肯定在組織裡的價值，告訴自己說「值得」，這是個人所需的那份「幸福感」。

◆（4）傑出領導人的最關鍵轉變（Executive Coaching）

在專業的教練領域裡這叫「高管教練」，這是我定期在香港大學「SPACE 教練講座」裡所專注的課題，這是針對在職高層主管所開設的工作坊，每一期學員的反應都是非常的熱烈，

有實例,可操作性也高,也是我個人做專業教練唯一的課題,如何幫助中高階主管換軌後再精進?這本書的內容,與其說它是教案內容,不如說是我在「教學相長」後的實驗成果;在我做專業「高管教練」多年後,經由高管教練間的互相學習(我每一年會參加國際上高管教練的先進課程或是研討超過 100 個小時),經由一對一個案教練案例的學習,或是經由教練工作坊裡學員間的討論所學習到的智慧,在加上個人過去作為高管的體驗,我努力將這些心得沉澱下來,目的不是只為「有困惑」的高層主管們,更為「很成功的高管們」而作。

我們常說「失敗為成功之母」,但是作為一個教練,我們更常看到「成功為失敗之母」的殘酷現實,諾基亞(Nokia)前總裁約瑪·奧利拉有一句經典的話:「我們並沒有做錯什麼,但不知為什麼我們輸了」在多年後,歐洲著名的管理學院教授在訪查該公司後做出的結論是「組織畏懼症」,這是過度成功後的盲點「驕傲,自信,太專注,聽不進去不同的聲音,易怒,好強爭勝,貪婪……,」最終敗在「市場的遊戲規則變了」,但是高層主管沒有察覺或是沒有及時應變。

這本書裡,我建立了一套機制,讓領導人能活化組織,傾聽不同的聲音,再來釐清,分辨,判斷,合力共創,採取決策

和行動，這也是一本主管們的自我教練書。

高管的角度會較「全面，系統，多元，多變」，而且也較「極端」，由這個角度出發，這本書對於有志於未來成為高管的人也會有價值；這是一本由「心思意念」的改變，走進「行動改變」的教練和引導書籍，「由內而外」（Inside Out）和「由外而內」（Outside In）兼顧的教練轉型書。

◆ （5）50 個關於改變的關鍵議題

這是一本工具筆記，特別提供給購買全套書的讀者。它將收錄這套書裡的教練模型精華，你可以隨身攜帶或是放在你的桌前翻閱，我將重要的觀點整理，並針對它提出一些挑戰性的問題，希望有助於你再一次反思學習，再陪你走一段路。

" 使命與感謝 "

米開蘭基羅在雕塑完成「大衛」的雕像名作後，他告訴許多人：「我並沒有做什麼，他本來就在那裡，我只是幫他除去多餘的部分罷了」——這就是教練的本質，也是這四本書的使命，我們不再傳遞更多的新知識，書裡談的內容你都明白，我想做的事就是點亮那一盞燈，讓你沉睡的靈魂能甦醒過來，願

意開始展現你最好的自己，走上你的命定！

　　面對組織和領導者所面對的挑戰，我知道我們社會裡還有許多的專家，我只是勇敢嘗試著將自己的所知所學以及所做的寫下來和大家分享，這是「野人獻曝」也是「拋磚引玉」，現今是一個轉型的關鍵時刻，我們不能再等待，需要更多的合作和努力，一起來協助有企圖心的領導人和組織成功順利的完成轉型路，這是我勇敢出版這套書的動機，容我也給讀者們挑戰：「面對這千載難逢的轉型時刻，你能貢獻什麼？」讓我邀請你參與來合力共創。

　　本書能順利出版，除了感謝家人和出版社鄭總編輯對我的信任和厚愛之外，我還要特別感謝：

- 教練界和學術界的前輩和專家們：他們給我許多的養分，這套書不全是我的原創，你會不斷的聞到前人的智慧和足跡，我會盡量表示出處或是原創者，如果還是有錯失，請你們原諒我的冒犯。

- 我的教練學員們（Coachee）：不論是一對一或是在團隊工作坊裡，在對話裡，在案例的討論或是課後的報告，我都看到許多精彩的教練火花；我由你們身上學習

到的，比你們想像中的還多，感謝你們。

- 我的教練夥伴們：在不同的項目裡，我會邀請不同專長的夥伴與我同行，我「不局限在教練領域」（Beyond Coaching），我的目的是「幫助人成功」，「樹人」才是我的目標，感謝夥伴們幫助我開啟另一扇窗，讓我經過「合力共創」來開展另一種可能來「成就生命」。

- 我的臉書（FB）社群同伴們：我出版的每一本書都有一個臉書專頁，針對不同的主題和對象做不同的分享和討論，我會定期拋出一些相關議題，請大家來提供意見，也許我們還不認識，但是你們的反饋幫我看到不同的價值世界。

讓改變發生！

| 前言 |

由「知道」到「做到」的行動力量

　　「創新，創造，創業」這三創的風潮正夯，對於領導人和組織內的每一個成員的意義是「**必須離開舒適區，進入那不可知（not knowing）的領域**」，組織內部的氛圍可能是「很迷惘」或是「有盼望」，這會取決於領導人的領導力；如何學習改變，設計改變，領導改變，讓改變發生，這是領導者的真功夫，這一切都要起源於領導者的初心：自我改變。

　　討論改變的書籍汗牛充棟，大多是專家學者們的方法論，但是談論到「如何讓改變發生」倒是少見；「知道」是「知識」領域，這也是校園裡教授專家們的專業，有許多的理論和學派，我曾經在課堂裡問過一位教授，「請問老師，在這許多理論中，你站在哪一邊呢？」他無言以對，感覺他被我冒犯了，從來沒有人會問老師個人的立場，他們也不需要選邊站，實踐不是他們的專業；作為一個教練，我們必須面對，我們常常會問學員這些基本問題：

你知道有這麼多的可能選項，你自己的選擇呢？

為什麼你做這個選擇？

你願意為這個決定付出代價嗎？

顧問圈的朋友常會面對以下這個困境，當他們團隊花了好大的心血做完市場調研和內部訪談後，做成一個專案報告並提出建議書時，老闆第一個反應可能會是「這個我們都知道，早研究過了」，面對這個情境，顧問怎麼接下來呢？對於教練來說，這開啟一個機會，教練會問：「既然你知道，為什麼做不到呢？」這正是教練介入的關鍵時刻。

每一個人或是每一家企業可能都會面對許多不可預測的情境，有些來自自己的心思意念：恐懼，沒有信心，不確定，不安全，不可能，我還沒預備好，我不知如何做選擇，我不知要付上多大代價……？這一連串的問題接踵而來，讓許多的領導人裹足不前，知道但是做不到；如何突破音障走出重圍呢？這就是本書的重點；先由「心思意念」著手，釐清自己的動機和目標並作決策，預備好自己，不只是能力，有把握有信心而且願意承擔責任；唯有如此，在經歷困難時，才會有韌性和堅毅「使命必達」的心志。

在時間管理的專業上，我們都知道「重要和急迫」都必須

具備才會馬上做，急迫不只是靠外來的壓力，更是「今天不改變，明天會後悔」的急迫感，這都來自每一個人「心思意念」的轉化，你會如何點亮那內心的渴望和急迫感讓改變發生呢？

　　一個組織的改變起自於領導人個人的自我改變，這是本書的核心，其次才是領導人如何帶引團隊改變？團隊改變的理論架構和個人的改變非常的相似，但是它有它獨特的部分，「組織的設計改變」就是其一，如何建立一個安全的改變氛圍，讓員工樂於跟隨並參與改變，這是領導力的終極考驗；現在，就讓我們開始進入並經歷這個改變吧！

1.章

改變：生命中不可錯失的冒險

改變是唯一通往成功的捷徑，但是這條路並不擁擠，因為堅持的人不多

"昨日的優勢擋不住明日的趨勢"

　　改變，每一天都在發生，攤開報紙都是新聞，也都是機會，也是改變的契機；一般的人只將新聞當做茶餘飯後的笑談，將新聞當做知識來讀，或是發發牢騷做個街頭評論家；一個有覺察能力的人能夠辨識出「那些是你的機會，那些可能是威脅而適時的採取措施」；一個法令規章的改變，匯率政策的改變，甚至石油國的減產，國際間的戰亂…等，這都可能會影響你的投資；停車費要漲價，有條新捷運路線要開通了，哪些路段在早上開車會特別擁擠…等，這也會影響你的生活方式，改變是唯一的選擇。

　　在組織裡更是如此，一個新的目標，一個新的想法，一個新的團隊成員，我們如何合作創造新的價值？有人說「只有瘋子才會用相同的投入和流程，但是期待有不同的產出結果」。

　　這本書就是為你個人或是組織「如何讓改變發生」的教練工具書，我們不只是建立一個覺察的環境，讓你自己來檢視面對外在的氛圍是否需要改變？並且要進一步的面對這些挑戰：如何找到自己的願景熱情和動力讓改變發生？又如何能持守？

"改變是好的，如果…"

　　有一幅圖畫（如圖），圖像顯示一個小男孩在理髮，上面標注：「改變是好的，如果它能用我自己的方法」，這不就是我們日日夜夜在做的事嗎？也是日日夜夜在尋求的改變方式嗎？用自己的方式來改變，可能嗎？如果因為外在不可抗拒的因素，強迫我們改變，我們又該如何面對？

　　這使我想到一段非常感動我的禱告詞「主呀，請賜給我寧靜去接受我不能改變的，賜給我勇氣去改變我能夠改變的，更賜我智慧去分辨什麼是可以改變的，什麼是不能改變的」。如何有這個智慧來分辨？如何有勇氣來行動，這就是這本書所要探討的課題，在開始進入正題前，我們先來看看一些有智慧的人，他們是如何辦到的。

"CHANGE IS GOOD"
if it's on your terms.

flickr CC: John Mayer

" 如何讓改變發生 "

因為拍電影《羅馬假期》而名噪一時的電影明星奧黛麗 · 赫本有一段和記者的對話常被轉載，記者問她說「你如何能常保優雅和美麗？」，她說「你若要優美的嘴唇，就要講親切的話；若要可愛的眼睛，就要看到別人的好處；要有苗條的身材，就把你的食物分給飢餓的人；要有優雅的姿態，走路時就要記住行人不只你一個人。」每一個人都有追求高尚目標和生命意義的慾望，這就是為什麼這麼多人轉載的原因，但是「知道」是否就是能「做到」？

有人說「成功的路上並不擁擠，因為堅持的人不多」，在每一年的年初，我們都會有一個新年新計劃，總之就是要能除舊佈新，要改變；在歐美，過年後的第一

奧黛麗 . 赫本 Audrey Hepburn

個月健身房的生意特別好，但是過了二月，定期來健身的人就少了。我的一個教練朋友年初發來一個邀請函，希望我們幾個好友一起來陪他走這段的轉型路，這對他也是對我們的挑戰。這也是這本書的目的，我不談「改變的幾大步驟」，這個大家都耳熟能詳而且各有一套，許多的管理大師出版的書籍大家都非常的熟悉，我們共同的困境是「如何讓改變發生？」這要跳出理論的範疇，而直接面對人，每一個人的心態不同，情境不同，文化不同，所以在「知道」和「做到」之間，它的距離並不是等長，我們需要更人性的來看待這個課題，人們要離開舒適區去面對許多的不確定和可能的困難，如何克服憂慮和恐懼，這也是企業組織今日面對最嚴峻的挑戰，這就是我在這本書要面對的課題。

英文的「恐懼」（FEAR）有兩種可能的解讀，第一種是Forget Everything And Run（不管三七二十一，跑了再說），另一種是 Face Everything And Rise Up（勇於面對，奮力再起），它的關鍵就在**每一個人的一念之間，道理簡單但是不容易做到；最佳的改變起始於「熱切改變的慾望」，有願景，有決心，敢於行動，不管是成功或是失敗，最後總會告訴自己「值得！」**；改變的精彩處不只在於結果，更是在改變旅程中

的點點滴滴，熱情投入的經歷，為理想所做的付出犧牲和不斷
的更新成長；生命裡的計畫趕不上變化，我們不只需要應變力
（Agility），更需要前瞻力（insight）。

　　企管大師哈默爾在他的著作《現在，什麼才重要》裡說了
一段非常貼切的話「今日企業競爭力較少來自於事先的計畫，
更多仰賴於對未來情勢探索的能力，能夠在不斷湧現的議題中
找出優先次序，找出自己能著力的機會，並用於實踐。」

" Cha-Cha-Cha 的改變 "

　　這是我常用的一個講演主題「Cha-Cha-Cha」，它的原
文是「Change ─ Challenge ─ Chance」（改變─挑戰─機
會），這三個課題都是同時存在的，也是一種自我的選擇，看
到外在的機會時，我們必須起而行，敢於採取行動做改變，才
有機會成就大事，但是在轉變的過程中，會面對許多不可預測
的挑戰，你是否預備好了，有能力克服它？面對這些變化，由
外而內是壓力，由內而外是生命力，這在於我們的一念之差，
不敢面對就可能承受壓力，事先願意採取預防性的行動，這對
於個人會有高度的成就感，但是它有許多的技巧需要學習，才
能夠應付自如。

　　我曾做過一家國際型大企業某位部門總經理的個人教練，有次他提出一個困擾他多時的一個問題，他說：「我們員工的離職率太高，對於一個服務型企業，這是一個大挑戰。」我請問他採取了什麼行動，效果如何？他笑了笑說，「我們就是調整薪資結構，目前問題暫時緩和下來了，」他喘了一口氣，但表情還是充滿著不安，可以理解他並不完全放心。

　　我繼續問他：「你員工的平均年齡是多少呢？」，「31」，「你們的管理模式在過去五年有做任何改變嗎？」，「就是銷售團隊嘛，有需要做改變嗎？」，「你認為這個年齡層的年輕人和你這一代人有不同嗎？你認為需要改變嗎？」他沉思了一會兒，「Yes」，他回答得非常的肯定，「那我們該怎麼辦呢？教練」

　　我分享我在之前著作《幫主管自己變優秀的神奇對話》一書裡的研究，針對 Y 世代年輕人的行為特徵，如何改變主管們的做法，開會不只是「逼業績」，而是以夥伴的心態來「合力共創」，他的眼睛張得大大的，他知道這套理論，只是過去沒有在意或是沒有想到這個改變的現場就是在他的團隊，第一個需要改變的人就是他本人，沒有想到這場戰爭靠他這麼近。

" 改變是一種新生活形態 "

　　我們每天都在經歷改變，可是我們不自覺；改變對主管或是領導人特別的重要，當我們設定一個新目標時，當我們有個新計劃時，當我們有新產品時，當我們面對競爭時，當我們有新員工時…，許多時候，我們在沒有自覺的情況下做了改變，或是外部改變了，我們還是沒有察覺。

　　我來說一個故事：一位年輕人要拜師學藝，這導師要求這位徒弟在前三個月只做一件簡單的事，觀察並報告路上稻禾的成長狀況，那時正是春季，秧苗剛播種，這年輕人每一天都做仔細的觀察，「沒有變」，「沒有變」「沒有變」…直到有一天，導師問年輕人說「現今稻禾即將採收，你每天的報告都是沒有變，這是怎麼回事呀？」

　　這就是今日我們面對的社會情境：**每一件事和人物都在改變，只是我們沒有察覺**，好似今天企業的員工和中階主管們，絕大部分都是 Y/Z 世代的人了，可是許多的企業並不察覺，在組織內的規章制度，激勵手段，管理和領導還是一成不變，就會遇上我剛說的那家企業的困境。

　　當前外部的環境變化更為複雜和嚴峻，科技的高速發展，

經濟的動盪，消費者的行為改變，政治環境與法律規章、環保、社會價值等議題的不確定性升高；我將它簡稱為 TEMPLES：它每一個環節都有可能帶動其他部分的改變。

我也喜歡用另一個角度來說明現今社會的變化：DDCU+GY（Dynamics, Diversity, Complexity, Uncertainty，Globalization, Y-Gen.）；這是「高動態，多元化，複雜化，不確定性，全球化，Y 世代」的社會，每一個元素的變化都會逼著我們做反應，啟動我們做改變。

"膽大 (Bold)"

有一本書叫《Bold》（膽大），作者針對過去一些大企業為什麼失敗做了一個檢討，也為未來趨勢的變化做了一些開展：

這是一個由「線性思維」（Linear thinking）轉換到「高指數思維」（Exponential thinking）的世代；作者以柯達為線性思維的代表，在 1996 年時，柯達在全球有 14 萬員工，市場價值還是很可觀的 280 億美元，但是在這個世紀的轉換過程中，它倒下來了，在 2012 年年初宣布破產；相對的是一家新創公司叫 Instagram，於 2010 年底成立，並在 2012 年 4 月份被臉書併購，價格是十億美元，那時 Instagram 才只有 13 人。

是發生什麼事了呢？為什麼有這麼大的變化？這會涉及這本書談到的「六個 D」的趨勢：

- Digitalization（數位化）
- Self-Deception（自我放下）
- Disruption（破壞創新）
- Demonetization（無紙幣交易）
- Dematerialization（無需特殊材料）
- Democratization（無需特別專業的服務）

我們看看柯達為什麼擋不住這股潮流：因為數位化影像對膠卷底片帶來革命，柯達自己不願意放下自己的傳統優勢；不願意讓已開發的新科技來取代舊的技術，給了競爭者機會；底片的印刷不再是必須；而且不需要特別的暗房技術，一台簡單的印表機就可以達成使命；接著就是柯達的產品技術和服務完全被唾棄。

我再來舉幾個大家都耳熟能詳的案例來說明科技或是環境的改變所延伸出來的機會和挑戰。

智慧手機

今天大家大都是智慧型手機的使用者，以前在電腦上的應用快速的轉移到手機上，這是一個移動平台，許多新的創新就發生了，這是機會；比如說我去年年底和家人到美國的「優勝美地」（Yosemite）旅遊，這是一趟近八個小時的車程，在漫漫長路上，我孩子的智慧手機可以提供許多及時的消息，包含音樂，氣象，路況導航，交通狀況，我們也可以在手機上找到附近最合適的旅店和最受歡迎的餐館，一路上盡情的玩，不會有趕路的壓力，這是以前沒有過的旅遊體驗，豐富多彩；美國的蘋果公司大賺這這技術和機會財，遠遠的將競爭者拋在後頭，消費者需求的癮頭越來越精，誰也無法預測下一波的勝利者。

在這風起雲湧的時代，得勝者乘勝追擊高速成長，也同時會面對挑戰，比如說有一家開發商的應用是可以在網上呼叫計程車，有許多無照的個人司機乘虛而入，一來誤觸當地的法規，二來也造成許多治安的問題，有些國家就禁止使用這個功能，但是要克服這些困難和挑戰，應該不難；這些應用都是以前沒有過的，這是「Cha-Cha-Cha」的具體案例，它們就發生在我們的生活中。

◆ 電動車

我們接著來看電動車的案例，它的發展也是如此。

　　因應外在環境的改變：高油價和環保意識高漲，已經成為許多企業和國家的發展重點，也是許多創新科技企業的新寵，機會明顯商機龐大，但是它也面臨著許多的挑戰，這不是一部車的新設計，而是要改變整個汽車行業的外在資源和支持系統，充電站和維修站的建設，電池的使用效率和維修，能行駛的距離限制等，我們已經看到許多的電動車在歐美的大街小巷走動，目前還是局限在短距離，定時定點的運輸交通應用，比如說郵務車，定時定點的交通車，高爾夫球車，甚至電動摩托車……等，但是如何克服挑戰，讓這個科技能走入千家萬戶，能更普及，在這改變的時刻，機會浩瀚，但是要面對許多的高難度挑戰。

　　我有個朋友在德國 BOSCH 負責電動車鋰電池的市場發展，他最近和我分享了一段對中國市場的調查：比起世界上任何先進國家，中國是唯一加速開放電動車上路的國家，由於大城市過度的擁擠和污染，中國已經嚴格限制新車的購買，特別在大都市，以北京為例，能如願購買新車車牌的比例在 2015 年只占 2.6％左右，但是對於新能源汽車則沒有限制。

　　就拿中國前五大城市來算，人口總數上億，還不算其他二級或是省會城市，中國政府也發布了技術規格，各大車廠緊鑼密鼓的在加速設計生產電動車，這是最大的電動汽車市場開展

的基礎；在歐美會擔心如何建設充電站，不會讓這些「高級的電動玩具」玩家在開車時還是充滿著「缺電的焦慮症」，這在中國不會是個問題，「大眾創業，萬眾創新」正在風頭上，這股風潮會讓市場興旺起來。 這是個因為「技術，市場，政治，法令，環保…等」元素，孵育出這個可能的大改變，現在全球各大大鋰電池廠加速在中國設廠。

　　就如我們剛才所說的，因為它的 TEMPLES 因素，中國在這個科技的應用上可能會領先其他國家。

◆ 圖書館裡的電子商務和物流

　　我住家附近的圖書館最近在整修，將書架減少，增加讀書和討論活動區的空間，我很好奇的問他們為什麼做這個改變？這部門的主管告訴我：「以前的圖書館是儲存和展示書籍的場所，看到就可以借走，很方便，但是現在的社會改變了，由於網絡科技和物流的方便性，我們重新定義圖書館的社會價值，除了借書，我們認為未來的圖書館應該是閱讀和分享的場所，而且不再限制於書籍，而是所有的電子媒體都應該涵蓋進來；以往的挑戰在於每一個圖書館需要買許多同樣的書，經費負擔沉重；現在的思路是將地區性的所有圖書館圖書和影音媒體連線上網，市民可以利用網上借書或是影音媒體，利用物流的方

便性，將它們由不同的圖書館運來，這一兩天的時間，到時客戶再來取書，節省經費和儲存的空間，況且未來的電子書和媒體會更多，也不需要這些空間，會不斷有更新的做法，我們將開辦更多的學習活動」，看她的眼神，我看到改變的希望。

最近也看到一個台北市圖書館的電子郵件：我們可以在便利商店還書，這也是科技和物流的接軌的開始；我們身邊有許多的事情在改變，你體驗到沒有？

◆ 有意識的改變

我的一位金融界朋友告訴我說他最近很忙，他簡單的告訴我「財政單位最近的法規修改，對他們是一個大的機會，他們正預備應變，推出更多的新商品」，在電話裡，我聽得到他的興奮。

中國最近開放有條件式的家庭生育第二胎，這又是一個大的改變，不管你在哪一個行業都會受衝擊，我們很明顯的看到賣嬰兒用品行業的企業動起來了，跟著每一個行業都會動起來，教育，娛樂，居住，交通，休閒…等。

有意識的改變動機可能有這兩種：第一種是由「A 到 A+」的精進型改變，第二種是大破大立「換軌」型的改變。我們來簡單介紹一下這兩種改變的內涵，這也是本書內容的主軸。

"精進：由 A 到 A+ 的改變"

「生命如逆水行舟，不進則退」，這是我們耳熟能詳的話，產品有生命週期，市場有生命週期，企業也有生命週期，如果不做定期的更新，它會像自由落體，慢慢往下滑，直到有一天歸於塵土，往下滑的現象我們可能無法察覺，除非你有意識有覺察到這些改變；A 到 A+ 不會自然發生，需要有意識和努力，要付上代價才會往上爬，想一想在五年前，三年前，一年前，哪些是你做過用過但是今天已經不再用的工具或是方法？

在企業裡，有許多的案例不在於自己不夠努力，而是外來的「破壞式創新」殺死了你們的努力，我們必須有「眼看四方，耳聽八方」的敏感度和應變力，隨便舉幾個我們身邊的案例：當市區一條捷運線開通了之後，你會做什麼改變？我常說「高鐵改變了我們對時間的定義」，以前出國香港一趟要有「周全的準備」，因為這是大事，現今則是一日生活圈，早上出門到香港或是深圳辦事，晚上還可以回家吃晚飯。再看看今日我們的通訊系統，不要只是說便宜，而是更方便，我們有許多不同的選擇。

在 2007 年，台灣《商業周刊》有期的封面故事是〈100 分的輸家〉，這是談諾基亞手機部門失敗的案例。在它全盛時期，

全球市場占有率最高到 37％，第二名三星才 18％不到，可是它的獲利能力遠不及當時 4％不到的蘋果公司，這造成企業經營的大翻盤，所以到底是市場佔有率重要，還是獲利能力更優先？

那時宏碁電腦的總經理蘭奇也下台，因為遊戲規則變了，他是一切看市場佔有率的強勢追隨者；接著我們看到許多的企業改變經營策略，不再是要追求量大，而是如何轉型為「市場導向，價值導向，服務導向」的組織。這個轉變不會自然發生，必須靠外力或是內部自我的覺察和選擇。最讓我印象深刻的是那時諾基亞的總經理說了一句話「我們並沒有做錯什麼，我不知道為什麼我們輸了」，由今天的角度我們很清楚的看到問題的所在，和柯達的失敗沒有兩樣，「遊戲規則變了」但是他們沒有察覺，或是沒有反應；這就是本書在「組織變革」章節裡要陳述的理念，如何能「有意識的應變」。

生命的發展也是如此，我們由孩童時代的依靠（Dependence），成長到青少年的獨立（Independence），到職場的互相合作（Inter-dependence），最後進入老年，必須再選擇依靠（Dependence）他人或是他所信仰神的幫助；有些人年齡漸長，可是他的心智沒有成長，還是停留在依靠或是獨立的階段，沒有學習和成長到互相依靠（合作）的境界；

我們年幼時，缺乏知識，經驗，技能，智慧和謙卑的品格，年紀漸長，這些能力要和年歲等量增長，才是一個健康的人。現在的人非常重視養生，養生包含「養身，養心和養靈」，這才是全人的關懷，不能只注重養身一個部分，而忽略了其他的環節，最後還是達不成目的。

　　要能持續的成長而不往下掉，「**精進**」是必須的基本功，**自我覺察的改變和應變力是關鍵**，這對於一個成功的人或是企業特別的重要，我們會在之後的章節再深度探討「寧靜革命」的概念。

" 換軌：大破大立的改變 "

　　在自己身上或是在社會上，我們常常無意識的在換軌；一個好老師升任為校長，一個好醫生成為醫院的院長，一個好的銷售員成為銷售部門經理，回到我們自己身上，昨天是爸媽的孩子，明天成為孩子的爸媽，生命就在這一點一滴裡改變，我們不斷的在換軌，這是社會的規律，我們也沒有在意，所以延伸出來許多的失敗經歷。

　　我有一位教練學員是非常成功的技術研發副總裁，最近被

升任為部門總經理負責一個事業單位的經營，我第一次和他見面時印象非常深刻，非常的 Smart（聰敏）；但他也告訴我，他很興奮有這個機會來承接這個職位，但是他也非常害怕，因為這是他所不熟悉的領域，以前只是面對技術和創新，今天要面對許許多多的人，市場，競爭，業務，物流，服務…等，這都不是他擅長的，他的一句話我記憶猶新，「教練，你能幫助我跨過這個鴻溝嗎？」這種恐懼和新手父母的第一次體驗非常的類似，就是手忙腳亂，恐懼和不安全，沒有太多的前例或是工作手冊可以依循，因為每一個個案都不太相同，不只是靠「人定勝天」的勇氣可以達標。

" 生命中不可錯過的冒險 "

1994 年是中國市場開始加溫的時代，那時我決定給自己一個大的挑戰，攜家帶眷投入中國市場的經營，這是一條篳路藍縷的挑戰，對我個人也是「Cha-Cha-Cha」的挑戰，後來那是我生命裡最值得回憶的經歷之一，面對一個全新未開發的市場，完全陌生的人群，不同的價值系統，如何建設團隊，開展市場，今日反思倒是別有風味，我很慶幸我自己沒有錯過這次的冒險，離開自己的舒適區，敢於面向一個不可知的未來。

有一則寓言故事對我的啟發很大：

在一個飢荒的初夏，有一隻老鼠一直還找不到食物，最後不小心掉進一個半滿的米缸裡頭，這個意外讓他非常的高興，因為他可以短暫的不愁吃，在確定沒有危險後，他開始大口大口的吃，吃完倒頭就睡，這樣吃完睡，睡完吃的日子倒也悠哉；老鼠也為自己要不要跳出米缸而有過思想的掙扎，最後還是拒絕不了誘惑，以及出來後可能要面對的飢荒，他最後還是選擇留在這個舒適區；直到有一天，米缸的米見底了，他才發現這個米缸的高度是超越自己能跳出來的高度，自己想跳出來，但是已經無能為力了。

另外，在十七世紀末的毛里求斯島（Mauritius Island）上，有一種巨型鳥名叫「嘟嘟」（DoDo）它約有 1 米高、20公斤重，它們生活在沒有人類出沒的安全地方，下蛋在地上沒沒有安全的顧慮，直到第一批人類登陸，它們也沒有逃避，還以好奇的眼光看人類的動靜，直到人類將它們放到烤肉架成為餐中物，它們想逃也來不及了，因為他們不會飛。無法面對這新的威脅和挑戰，最後就絕種了。

想想看我們身旁的人事和組織，你是否也有經歷過這些殘

忍的現實？由於被過度被保護而不會飛？由於過度的封閉而被取代？由於太過堅持老傳統而不願意做改良？ 或是太過保守而不敢冒險，老是停留在自己的舒適區。

我的舒適區

有些能力必須親身經歷才會擁有，一個孩子觀察蠶蛹孵化長成的過程，小動物奮力突破蠶繭，很辛苦，孩子用小刀將蠶繭割出一個出口，為的是讓小蝴蝶能順利出來，但是這剛出來的小蝴蝶頭太大，翅膀太小不能飛，也太弱，死了。

上帝的設計是讓這小蠶蛹在經歷突破蠶繭的困苦時，讓他的體液能完全擠壓到翅膀，幫助它茁壯，才能長成，自由飛翔，人的善意反而害了它；有些能力必須自己親身經歷和歷練才會

擁有，改變的能力是其中一個，忍耐，堅毅，慈愛……等也都
是如此。

" 未來贏家的面貌 "

未來的贏家會有一些顛覆性的特質，這是我個人的觀察：

1. 達爾文說了一段話，今天聽起來更為真實：「不是強
   者，不是聰明者，也不是最優秀的物種才能生存，而是
   對外在環境應變力最強的物種才能存活。」

2. 未來的環境是不穩定，不確定，無法預測，更無法被人
   掌控，我們需要一個新的心態和能力，要能適應新的常
   態。

3. 「快狠準」是昨天成功方程式，但是今天需要被改變
   了，就如我在開頭的引述有關哈默爾所說的：「未來企
   業競爭力較少來自於事先的計劃，更多仰賴於對未來
   情勢探索的能力，能夠在不斷湧現中找出優先次序，找
   出自己能著力的機會」；這就是「以好奇的心態來觀察
   詮釋並開展可能的機會，傾聽來自自己心中的覺察，客
   戶的反饋，「TEMPLES」各元素的變動所帶來可能

　　的變動，敢於冒風險承擔責任，開創未來市場的價值創
　　新」。

4. 我們生活在一個聯動的大海洋，而不是孤立的池塘裡。

5. 燒毀那逃避後退的橋，敢於面向挑戰的心態。

"為什麼我們立志改變卻常常失敗？"

　　改變的恐懼許多的時候來自於驕傲，比較，爭競，怕沒有面子，不安全感，痛…等，如何面對呢？釐清目標，有勇氣來做決定，謙卑，敢於真誠的面對自己。

　　有許多的原因讓我們的改變失敗，但是總結起來這些是一些關鍵的原因：

- 逃避現實，心理拒絕或是抗拒改變，因為……。

- 知道要做，但是不願意採取行動，自然做不到。

- 心思意念的戰場：內心糾結，阻擋改變的心態；造成心不定腳不動。

- 只專注在流程的管理，而忽略人心裡的感受和需求。

- 這是一條人少走的路，孤單，需要陪伴和支持。

有張網路圖片（來源不詳，此處重新繪製過），非常精準的表達改變失敗的一個心態：圓規為什麼可以畫圓？因為腳在走，心不變；人為什麼不能圓夢？因為心不定，腳不動。

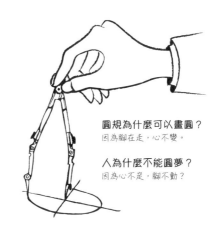

圓規為什麼可以畫圓？
因為腳在走，心不變。

人為什麼不能圓夢？
因為心不定，腳不動？

" 這本書要專注哪些議題？ "

我們不深入談太多有關改變的理論，這類書籍已經汗牛充棟，但是我們會借重他們的研究和學習，站在巨人的肩膀上來發展，在這本書裡，我所要專注的重點是：

- **心思意念的戰場**：在華人的文化環境下，我們如何讓改變發生？又是什麼阻擋改變的發生？

- **換軌**：這是由 A 到 B 的「大破大立」，如何讓改變發生的五個黃金法則，理論架構只是它的依托，如何排除可能的阻擋和困難，建立動機動力和急迫感，努力向前，

達成目標；可以用在個人身上，再加上一些元素後，也可以使用在組織的變革裡。

- 如何讓團隊的改變發生？這是另一個層次，如何讓大象也能跳舞？

- **寧靜革命**：改變不一定需要「大破大立」的功夫，它也可以是「一磚一瓦」、「由 A 到 A+」的建造，我們稱它為「寧靜革命」或是「精進」，這是大多數組織所使用的策略，我在書裡會分享一些可以操作複製的改變模型。

- **是誰扼殺了改變**？為什麼我知道但是總是做不到？我們會分享一些經歷和改變的策略。

- **教練的角色**：成功的改變是一場合作共創的旅程，許多的時候，靠自己的意志力無法達成，需要靠外來的支持陪伴或是對話，不一定是要武林高手而是找到一個自己信任得過的支持者或是陪伴者，當我們的本相如「自由落體般的惰性」發作時，能給自己一個實時支持的力量。

改變是唯一通往成功的捷徑，但是這條路並不擁擠，因為堅持的人不多。

你預備好開始這段的旅程了嗎？請你暫停一下，思考底下
RAA 的兩個問題，我們再一起往前行。

RAA 時間：反思，轉化，行動

- 你能定義一個你個人願意改變的行為嗎？
- 你能邀請一個你信得過的人，陪你走過這條轉型路
  嗎？

2章

心思意念的戰場：為什麼我們拒絕改變

如果當年我問人們需要什麼更好的交通工具時，他們
的回答大都會是要一批能跑得更快的馬
—亨利·福特

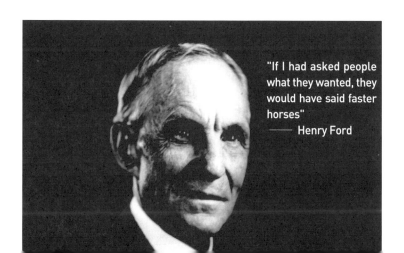

"If I had asked people
what they wanted, they
would have said faster
horses"
—— Henry Ford

" 為什麼烤牛排要切邊 "

　　一位年輕的妻子每次在家裡烤牛排都必須將牛肉的四邊切掉，先生大惑不解的問「為什麼你每次烤牛排都要切邊呢？」「這我也不知道，我是向媽媽學的。」他們一起回去問媽媽「為什麼呢？」，「我也不知道，這是我媽媽教我的」，最後找到奶奶，她說「因為我的鍋子小，放不下整塊牛排，所以我就將四邊切掉」，三代同堂，相視而笑。這是老傳統的潛規則，如果我們還是向前人學習，就沒有機會重新檢視「這是真的嗎？這 100%是真的嗎？」

" 大象的小腳鍊 "

　　這就好似大象小腳鏈的故事，人們將腳鍊栓在小象的腳上，他確實是掙不開，一次兩次三次都掙不開，最後放棄了；時間慢慢過，小象也慢慢長成大象了，可是他還是背負著以前的經驗「我掙不開這個腳鍊」，雖然我們知道大象可以很輕易掙開它，可是他的心思意念告訴他「不可能」，就這樣過了一生。

" 更新你我心中的作業系統 "

電腦裡的「OS」是它的大腦，我們必須時時的更新版本才能使用最新的應用程式，我們的心思意念就是人的OS，這是我們的心理羅盤，當我們不自知或是不做決定時，它就主動的幫我們做了決定，它是我們生命的一部分，許多人還不認識它。這羅盤的設計也是日積月累出來的，源自於我們的經驗，文化，價值觀，後天的學習和教導等，它會為我們決定做什麼，不做什麼？哪個重要，哪個不重要？有些女孩看到蛇就怕，有些人看到榴蓮就說很臭，可是在某些人心中卻不是這樣想；許多人不知道我們心中有這樣的設計，凡事都要自己做決定，而說自己好命苦，有些人則是相反，只管大事不管小事，在他眼裡沒有什麼是大事，所以落得清閒；每一個人的心理羅盤的版本都不同，有些人時時在更新，有些人還是老版本，無法應變，融入這個社會。一個人不做定期的更新，就無法適應現在的社會人群和環境，以及面對現在的機會和挑戰。

" 解構心思意念 (Mind map)"

讓我們來解構「心思意念」的內涵，到底它包含有哪些元

素呢？如何來釐清喚醒我沉睡的記憶重新再出發，做個長成後的自己呢？我將它分成幾個模塊：

1. 我是誰？（Who am I？）：我個人對自己的認同和定位，我是誰？我願意做什麼？不做什麼？我要到哪裡去？（這是使命，價值觀，願景）， 這就是我們所說的「心理羅盤」，這也可能是過去知識和經驗反思後的總結和認定，好似內在誓言，是心中的一顆錨，叫我們安定，安全，有歸屬，有盼望，有信心。

2. 情境或目標（Objective）：覺察是什麼事？它和我有什麼關係和意義？急嗎？我該如何反應？

3. 傳承（ Legacy, What was I given？）：個人的 DNA 到家庭，家族的遺傳，到社會國家的文化遺傳…等，這是一個人的本性。

4. 學習（What did I learn？）：生命中的知識學習，經驗沉澱，智慧積累，假設…等，這是習性。

5. 感受（How do I feel now？）：對於這一件事或是這一個人，我的個人感受是什麼？

6. 想法（How do I think?）：我的看法呢？這是一個即時態度的選擇，我們可以有不同的面向，可能是正向或是負向的反應，依照不同的情境會有不同的反應。

7. 良知（Conscience）：良知是我們心思意念的最後一
   道城牆，心裡底層的聲音，當我們面對外來的誘惑或是
   試探，如果自己願意降低自己的良知（良心）標準時就
   是我們開始妥協時，我們自己就開始變得軟弱； 對自
   己如此，做個組織領導人更是如此，這是關鍵決策，也
   是人格的展現。

8. 企圖心，意志力（Intention & Will power）：我心中
   的企圖心或定見是什麼？我的堅持是什麼？雖然沒有
   說出來，但是我知道我要什麼。

9. 其他可能的因素。

　　傳承建造一個人的「**本性**」，學習會成為「**習性**」，這是
「**人性**」的基礎；感受，想法，良知，企圖心，意志力⋯等等，
這是一個人的「**心理歷程**」，將這幾個元素整合後的決定，可
能會是「**內在的意向**」，有些時候則會產生「**外在的行為**」；
這個過程會有許多的拔河和掙扎，所以我們說這是一個「**心思
意念的戰場**」。

◆ 我是誰

　　我是誰？這是個大哉問，一時說不清楚，除非你問對問題

心思意念的戰場

2.情境、目標

才能有清晰的答案；同時，這個答案也時時在改變，在精進，這是人心理羅盤裡的心錨，一股穩定的力量，每一個人的自尊心，自我接納，自信心，安全感的基礎，它包含幾個主題：

- 我是誰？個人在家庭，社群和社會的身份和地位，更是個人在這些社群裡的價值定位。英文裡有個說法：He is somebody 或是 He is nobody，就在陳述他在組織或是社會裡的價值。

- 我做什麼，不做什麼？這是個人的價值觀，執著；這個可以幫助人認識你是誰？當一個機會來時，你的好朋

友會說「這是你的機會」。

- 我要到哪裡去？這是理想或是組織裡的願景，對未來的盼望，是現在投入資源的優先。

一個心智健康的人在他們心裡頭都會有這個心錨，不見得自己能說得清楚，但是經過教練的引導和釐清，會有很大的機會能做較完整的陳述，就好似一個組織的文化，它不只是寫出來的部分，還有許多我們無意識做出來卻沒有寫進來的潛規則，這都是我們展現行為的基礎。

◆ 情境和目標

我們的心思意念和態度，決定我們「看到，感受到」的世界，其他的可能就「視而不見」了。

對於外在的情境變化，我們需要先覺察到是什麼事？它和我有什麼關係？重要嗎？急嗎？我該如何反應？有許多的事我們不在意，甚至有看沒有到，相對的有些事卻會撼動人心痛哭流涕，就看當事人或是承受的那一方當時那一刻的心思意念，也就是我們這個圖表所涉及的幾個關鍵元素，很多是個案，但是更多是習慣性的鏈接。

◆ 傳承的本性

　　由個人的 DNA 到原生家庭的遺傳，到社會國家的文化遺傳…等；這是人類特有的優勢，一個遊子常會在半夜想到故鄉，媽媽做的菜；當我們想做一件事需要幫忙時，常常想到的第一個人是家人，家族，同鄉，同學…等，那是建立信任的「強力催化劑」，在華人的社會更為明顯，這也是為什麼我們有這麼多的中小企業的原因，這是助力但也是需要突破的阻力。

　　華人社會還有一個老傳統，就是儒家的「尊師重道」的精神，有「尊重權威和排資論輩」的潛規則，對於社會價值和運作規範來說，它有一定的價值，但是如果放到高速變動的經營環境裡，可能有再檢視的必要；曾有一家亞洲的航空公司失事，查驗黑盒子時觀察到，資淺的副機長已經察覺到問題，但是他尊重資深機長的英明，相信他會處理，最後是人機俱毀。

　　我們有許多的文化遺產和老傳統，今日我們面對的挑戰是在使用前我們也許該問自己「這些還是真的嗎？」，有一本英文書的書名非常有意思：《What got you here won't get you there》，意思是「昨日幫助我們成功的能力今日不一定再合適」，我們有勇氣和智慧來重新檢驗那些還是真的對的，那些需要被捨棄，那些我們需要重新來建造或是學習引進？舉幾個例子來反思「重男輕女」「養兒防老」還是真確嗎？「子孫滿

堂，多子多孫」真的好嗎？ 過年時的「恭喜發財」這是我們需要的最高社會價值嗎？老中見了面第一句話總不能免俗的說一句「吃過飯了沒？」，這還有意義嗎？ 唯有經歷不斷的反思檢討和學習，才能讓個人或是組織生生不息。

我來分享一個心理實驗的故事：猴子，香蕉，水。

這是一個心理學家史第文森（G.R.Stephenson）在 1967 年所作的實驗，目的是藉由猴子對恐懼的反應，來理解人類在群體生活中的影響力。

　　科學家將五隻猴子放在籠子裡，裡頭還有一個水龍頭和梯子，梯子上面放置一串香蕉；實驗開始時，每次有猴子要上去拿香蕉時，其他的猴子就會被噴冷水，他們很快就將那隻不乖的猴子抓下來打他；以後每次有猴子要爬上取香蕉，這個流程再會出現一次，這樣重複了幾次之後，再也沒有猴子敢再爬梯子上去取香蕉了。

　　進入第二階段的實驗，科學家更換其中一隻猴子，並拿掉水龍頭，新猴子進來後，第一個動作還是爬上梯子想取香蕉，但是很快的被拉下來毒打一頓，雖然這一隻新猴子不知道為什麼，待科學家換了第二隻新猴子，還是急著要去爬梯子拿香蕉，又是一頓的毒打，這個流程還是照樣再重複一次，只是這次連第一隻新猴子也加入了打擊第二隻新猴子的行列，科學家繼續更換第三隻第四隻第五隻，全部在籠子裡的猴子全部都沒有被噴過冷水，但是他們的行為都是一樣，先來的會加入打擊想爬上梯子的後來者的行列，如果可以問這些猴子為什麼他們要打爬梯子的猴子，我相信沒有一隻答得上來，只會聳聳肩說「我也不知道」，這就是社會的遺傳，有許多的文化和心思意念，它們的存在有它的時空背景，可是我們就是這樣的傳承下來了，沒有一個人敢於突破它，公開的問一句「這是真的嗎？100％真的嗎？」，今天，我們就來面對這個主題，來解構我們的心

思意念，來徹底的檢視「它們是真的嗎？ 100％真的嗎？」

在我們社會裡還有許多的傳統習俗，比如「手指月亮不吉利，不戴綠帽子，醫院沒有四樓 ..」，在組織裡也有許多的潛規則或是過時的 SOP （標準流程），也是被高高的保存著或是低調的執行著，但是有最高權力的人可能不知道，直到有一天發生大問題或是有人敢於打破沉默時才有可能找到這個根源來「面對它，處理它，再放下它」。

RAA 時間 ：反思，轉化，行動

- 哪些老傳統我們要繼續保留，哪些要捨棄，放下，哪些需要再更新學習？

◆ 學習習性

還記得「大象的小腳鍊」的故事嗎？我們在年少時的學習經驗，是我們今日的資產還是負債？

生命中有許多的知識學習，經驗傳承，智慧分享等，這是

一段寶貴的學習旅程，我們看過許多的書，也向許多大師級人物學習他們的想法，慢慢的受影響而成為我們心思意念的一部分；許多的專家老師會告訴我們某某人怎麼說的？我事後會問他們「你自己又怎麼說呢？」這是教書匠和專家的區別所在，向教書匠學知識，向專家學習智慧，但是不要忘了問「為什麼你會這樣想呢？」我們自己也可以成為專家，只是要在做完一件事後，做個自我的反思學習，「我學到什麼？如果有機會再做一次，我如何做得更好？有什麼不同的做法呢？」

在這個主題下，我們還可以將自己的「信仰，價值觀和內心裡的假設」包含進來，這都是後天自己學習和沉澱下來的知識或是智慧；這也是我們心思意念中幾個重要的元素，它們會高度影響我們的看法和判斷。

我們經歷過許多的大小事，比如說，最近我上一家超市買了一盒橘子，拿回來後發覺底層有許多爛的，我心裡告訴自己「下次要檢查了再買」，這是自我反思後的內在誓言，每一個小思想都可能會改變我們外在的行為，就看當時哪一個因素的驅動力強，我們不是常有「衝動性的購買」嗎？事後我們也不是常後悔嗎？

最近幾年的企業商業模式有翻轉式的改變，市場佔有率已經不是唯一的指標，獲利率和獲利力還要同時考慮進來；許多

企業開始重新反思企業存在的目的是什麼？只是為股東謀福利呢，還是應該負起社會責任？慈善機構是給錢救助人的組織，還是幫助人脫貧的機構？

　　企業贏的策略和指標是什麼呢？是股價嗎，還是有更合理的指標？物質是員工激勵的唯一方式嗎？除了培訓之外，員工的發展還有那些方法？學校的目的是什麼：培育有學習力的人才還是考試升學填鴨式教導的天才？圖書館的價值是什麼？全天無休的便利商店到底是「7-11」還是「7-24」？我們更需要時間管理還是能量管理？這是個翻轉的世代，我們不能停止學習的腳步，也需要時時更新我們腦裡頭的心思意念。

◆ 感受

　　對於某一件事或是某一個人，我的個人感受是什麼？我們常常會給他人貼標籤，「這個人太驕傲」，「這個人靠不住」，「他不行」…，以前有一位老闆一年只到海外分公司巡查一次，臨行前他常常會告訴當地分公司經理「這個人不能用」，只是一個看不順眼的行為就判斷這個人的未來發展，最悲劇的是這個員工本人不知道，縱使他績效傑出，但是還是得不到提升，老闆這「回眸一望」就決定他在企業內部未來的發展；我們也常常會被冒犯，當有人無意的碰觸到我們心理的弱點按鈕時，

那是我們心中黑暗的牆，我們會跳腳，會反撲或是逃避，會選擇扮演檢察官（控告者）的角色或是辯護律師的角色，甚至心理會開始有一個決定「以後不再和他來往了」而關閉這道關係的大門，夫妻間的關係會陷入「相敬如冰」的境界；有些人的「**情緒開關**」放在門外，很容易被冒犯，一個理性的人，會學習將自己的情緒開關移到內心裡，重要的事要經過反思決定才採取行動。

我們的心理感受可能來自於過去經歷的總結或是感動或是對人性善的感動或是對惡的迴避，對弱者的同情，對強者的心理對抗，更多的感受來自於現今所處的情境，一個人會看電視劇而淚眼汪汪，看到一個好的設計商品會有感動進而產生「衝動性」的採購，一個名設計師說得好：「**一個好的設計需要有好的對話和感動的元素才算成功**」，我們會讀到一篇好文章而感到扎心，看到一朵鮮豔的花朵而暫停腳步；我們心理可能有許多不同的過往喜樂或是傷痕，當面對一個個案時，有些人會感受到絕望，但是相同的情境，有些人卻是欣喜若狂，看到希望。這不在外在的情境，而是內心的感受，過去的喜樂或是傷痕讓他有感覺感動而有不同的反應，只有他自己能察覺，甚至自己也無法察覺，一般人是無法理解的，一個正向的感動，能讓一個人再活起來，並願意採取行動，讓陽光投射進來，掃除

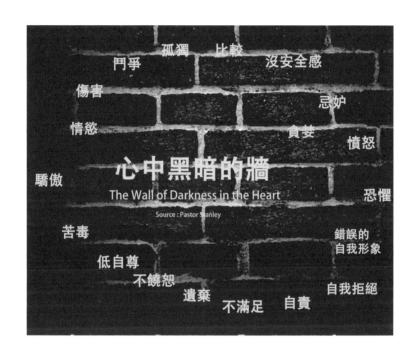

你我心中的陰霾，我用一張圖片來分享我們內心可能會有什麼
黑暗的感受存在。

感受裡也包含有個人心底的「企圖心」，它是個人動機和
動力的來源，是我們個人的軍火庫，它必須被點燃才會有行動，
才會有感動激動和衝動，好好自我管理才不會爆衝，不浪費資
源，也不會帶來危險。

◆ 想法

　　我們的想法是我們個人針對不同的情境所作的即時態度的選擇，我們會有不同的面向，依照不同的情境會有不同的反應，可能是正向或是負向的反應，更挑戰的是我們的心理有兩股勢力在爭戰著，**心聖和心魔**。

　　面對一個新的情境，「心聖」會有這些反應：

　　好奇，信任和愛，開放，敢於展示脆弱，正向，敢於冒風險，分享，喜樂，創造，平安，感恩 。

　　相對的，「心魔」的心態會有這些可能的反應：

　　焦慮，憤怒，悔恨，控告，懼怕，不確定，拒絕，沒有安全感過度保護自己。

　　所以表現出來的行為會有很大的不同，還有一些可能的現象。心聖的行為可能是：

　　同理，探索，賦權，創新，領航，啟動，合作，認同協力。

　　心魔的行為可能是：

　　批判，控制，一定要贏，犧牲，破壞，見不得他人成功，告知，命令，固執，沒有盼望，自卑討好他人，罪惡感，找碴。

　　以上四個關鍵元素，傳承和學習的是內容（Content），感受和想法則是屬於**思路**（Context），各有分工，兼容並蓄，

幫助我們更平衡;我們隨意看到一則新聞報導或是傾聽他人一個談話,我們可以選擇好奇,憐憫,焦慮或是憤怒;可以同理,創新,也可以批判,迴避,或者和我們過去的生命經驗鏈接,造成我們被冒犯後的憤怒;或者和自己的專業鏈接,開始一場的辯論或是批判,馬上成為一名檢察官或是辯護律師;這都在一念之轉,但倒也不是無規律可循,我們來學習如何更好的和自己對話,做個清醒的人。

◆ 良心

來自於心裡底層的聲音,有可能是直覺,當我們慢下來安靜下來時就能聽到它,它是道德的底線,信仰的堅持。太快的人聽不到,太霸道的人不理睬。當我們在掙扎有為難做決定時,內心在拔河時,就是良心顯現的時候。

◆ 意志力,企圖心 : 我一直在期待什麼?

對於外來的機會挑戰或是試探誘惑,對於一個較成熟的人都會有一種內在的定見或是意向,我們說它是「偏見」也好,或是「經驗」也好,這些意念都會儲存在我們的腦筋裡頭,它是形成我們直覺的資料庫元素之一,如果「沒有經過大腦」做

判斷或是決策而直接做反應，可能會將自己曝露於風險之中。

我們常常在這四條路上拔河，這是心思意念的戰場：

- Wall Street：拜金主義
- Main street：社會流行價值
- Godly street：信仰價值
- My street：你自己的選擇價值

" 心思意念的戰場 "

面對不同的情境，我們心中常常會有兩股力量纏住我們的心思意念，它們不斷的在你我腦中拔河：

一股是向下拉的「阻力」，阻擋我們面向目標向前走的阻力，這個聲音會不斷的告訴我們「我還沒預備好，我不夠好，沒有能力，會失敗，不可能；在這個團隊裡我沒有價值，不被信任，自己常被冒犯…」，有些人會聽到不同的聲音「這是小事，不需要操煩，水到自然渠成」太自信，太驕傲，太追求完美……等。

另一股是向上推的「助力」，幫助我們向前向上行動，勇敢面對當下，肯定自己，接納自己，啟動熱情和能量，擁抱自

己的不完美，追求夢想。

心思意念的戰場

如何將阻力減到最低，助力加到最大？第一步是 Mindfulness（正念，擺正自己的心思意念）：自我覺察和釐清，專注當下，接納現狀，做出選擇和行動。

阻力　　　助力

所謂「正向心理」不是凡事只看光明面而漠視黑暗面，而是敢於面對也知道如何面對未來，包含順境和逆境，英文我們說是「Under control（掌握得住）」時，心中有平安和喜樂，如此才能開展「我與人」間的「關係」，進入「投入」的階段，這是「我的機會，我願意參與，我能貢獻，我願意承擔責任，我也有責任」，最後進入「有意義和自我成就」的最高境界。

◆ 我們如何反應？

我們的心思意念含有這許多的元素，當面對外來的一個機會或是挑戰時，我們會如何來做決策和反應？依據統計，我們約有百分之四十以上的機會是交給自動操作反應，自己沒有覺察，可是，我們還是按照自己內心裡的心思意念在運作，這是心理羅盤裡的「習慣領域」。

我們來做幾個簡單的練習：

- 下雨天出門前，我會＿＿＿＿＿＿＿＿＿
- 家裡馬桶壞了，我會＿＿＿＿＿＿＿＿＿
- 我（不）喜歡小動物，因為＿＿＿＿＿＿＿＿＿
- 半夜肚子餓了，我會＿＿＿＿＿＿＿＿＿
- 家裡的電話響了，我會＿＿＿＿＿＿＿＿＿
- 在定期的業務會報裡，我會＿＿＿＿＿＿＿＿＿
- 看社會不公不義的事，我會＿＿＿＿＿＿＿＿＿
- 禮拜六早上爬山，我會預備＿＿＿＿＿＿＿＿＿

我相信我們都不需要花時間來思考這些問題，因為我們胸有成竹，這是習慣。

◆ 自動導航系統（GPS）的經歷

我相信大家都有用過這機器的經驗，它很聰明，能告訴你路線和交通狀況，可是很難溝通，因為它有它自己的一套計算邏輯，它的 OS 大腦和你的不一樣，當你不順著它的指示走時，它會一再的要求你回頭，當我在自己熟悉的地方開車時，我就會關掉這個 GPS 系統，將主控權取回，不再接受它的指令了；

我們的生命所面對的狀況，是否也會有這樣的境遇？我們有及時將主控權取回來嗎？

習慣領域：40%

source: 夥伴教練心關係, The Heart of Coaching

```
          心思
          意念
  結果            行為
          關係
```

所以全靠自動導航系統或是習慣領域不是最安全有效的方法，因為現今的環境時時在改變，我們不能用昨天的成功經驗繼續使用在今天或是明天的情境，這不一定能保證我們能持續成功，在關鍵時刻我們要學習做一個清醒的人，能分辨做決策，即時取回主控權。

◆ 做個清醒人

在習慣領域裡，我們沒有太多的自我覺察，許多事情就讓它自動發生，這可以減少我們許多的壓力，但是相對的，因為沒有覺察也會讓我們喪失許多的機會，或是製造許多的困擾。

清醒的人（或是說「被喚醒的人」）是對心中的使命和目標有熱情和敏感，有相關的人或是事在發生時，他會被喚醒，

清醒的人

source: 夥伴教練心關係, The Heart of Coaching

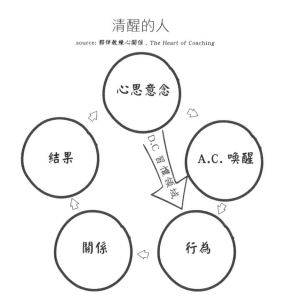

留心觀察甚至於參與。在習慣領域的 DC（Direct Connect）環路裡打開一個新的通路給 AC（Awakening Choice），就是喚醒自己，清醒做選擇。

　　我們常會看到這篇有智慧的禱告詞：「主呀，請讓我有能力來改變我能夠改變的，有謙卑的心來接受我不能改變的，有智慧來分辨什麼是能改變的，什麼是不能改變的」，這就是本書要著力的重點「做個清醒的人，做有意識的改變」，如何讓改變發生？這是兩個可能的選擇：

1. STOP

一個清醒的人，在關鍵時刻會適時的採取 STOP 策略，它代表：

- Stay back，退後一步想，
- Think through，我們有許多的盲點和偏見，利用這段時間開始和自己或是教練對話，將它釐清了想透了，
- Options and opportunities，還有什麼機會或選擇？
- Proceed，再前進。

2. 開啟一席對話

我們的直覺反應可能會有一些盲點，就如下頁圖所展示的內容 FAITH，扭曲（Filtered），別有目的而不自知或是不願意坦然面對（Agenda），忽視一些關鍵的內容（Ignored），見樹不見林一頭栽進細節裡出不來（Too details），被一些熱門的主題吸引而失焦（Hot spots），忘了自己所為而來？

清醒的人在「暫停」時同時也開啟一段的對話，可能是自己內心的對話或是和教練的對話，它會包含這些問題：

- 釐清：這是什麼？是機會還是挑戰或是威脅？這是真實的嗎？還是自己的猜測想像？

開啟一席型對話

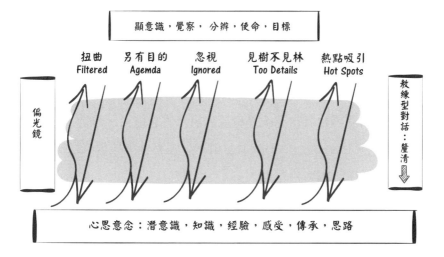

- 我希望達成什麼目的？為什麼？不處理會有什麼後果呢？
- 我的態度是什麼？我要採取主動還是被動？我選擇「應該」去做還是「願意」去做？
- 預備如何來面對它處理它？我還有什麼其他不同的選擇呢？
- 我可能會面對什麼困境？我如何來面對處理？
- 我個人的決定是什麼？
- 我如何開始行動？

"壓力測試：為什麼我常常「知道」但是「做不到」？"

為什麼我們常常知道想做但是做不到？許多的原因來自於心思意念的限制或是捆綁，我們需要做的就是排除障礙、恢復初心。

我們的理智告訴自己，這是對的事「應該做」，但是我們卻無法衝破這些堅固營壘，包含自己內心的恐懼，對自己沒有信心，有傳統的包袱，和自己所學習的理論有衝突而不敢冒犯，感

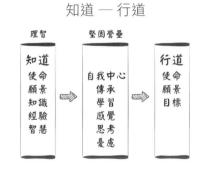

知道 — 行道

覺非常的恐懼和不安，心聖和心魔不斷的交戰，最後就是不斷的在想在原地打轉，沒有結論。

在陌生環境裡，會有恐懼和不安是人之常態，這是一個選擇，我用英文來表達會更有意思，恐懼的英文是FEAR，有人將它拆解為 Forget Everything And Run（不管三七二十一，逃了再說），另有人將它解釋為 Face Everything And Rise（勇敢面對，奮力再起），這是一個一念之轉的選擇。

我們常說，由知道到行道是世界上最遠的距離，中間困難

重重，如何跨過呢？還是在一念之轉，以下是幾個關鍵問句：

- 做這件事的目的是什麼，為什麼，憑什麼？
- 所陳述的事情是真的嗎？100％為真嗎？
- 如果不做，會有什麼結果？我希望它如此發生嗎？
- 我希望看到改變嗎？
- 我選擇的態度是什麼？著手參與改變還是逃避？
- 它急嗎？

- 我該做什麼，不做什麼？
- 我們還有什麼選擇呢？
- 我的決定是什麼？
- 什麼時候啟動？

"如何做個清醒的人：A.C.E.R"

用計算機的語言來說，我們心思意念大部分的時間都是在跑固定程式，用習慣在做事，我們的心思意念經常在沉睡中，要怎麼喚醒它？A.C.E.R 模型是個重要的流程。

- **A** 代表：Awakening，Awareness，Assessment(喚醒自己，認知這個機會或是威脅，評估它的重要性和緊急性)
- **C** 代表：Clarify，Chance，Choice，Change，Challenge，Control-self（釐清真實性，機會的確認，決定選擇，改變，挑戰，自我控制）
- **E** 代表：Engagement，Empowerment，Execution（心理預備好投入，行動上預備好，執行）
- **R** 代表：Reward，Result，Reflection，Renewal（報

酬，期待的結果，反思自己有用的資源，重新更新自己，面對新的機會或是挑戰）

做一個清醒的人是邁向改變的第一步，他知道自己現在在哪裡，要往哪裡去，該做什麼，不做什麼，他是自己生命的主人。

" 粉碎「不可改變」的謊言 "

A. C. E. R 教練模式
喚醒生命，感動生命，成就生命

喚醒覺察
評估現實
自我認知

A
Assessmentet
Awareness
Awakening

C
Challenge
Choice
Chance
Clarify

釐清現實
展望機會
自我挑戰
自我選擇

信任 信心

R
Reflection
Renewal
Result
Reward

E
Empower
Execution
Engage

尋求回報
使命必達
自我反思
自我更新

積極投入
賦權合作
努力實踐

謊言裡頭也有一點真實的成分，但不全是真的，我們必須有分辨的能力，這是常見的一些有關改變的謊言：

1. 我們無法改變自己：

有許多戒菸失敗的人常常會有這個說法「我戒菸戒了好幾十次了」，他就是說他沒有辦法改變自己；有人說「不是壓力壓垮我們，而是我們處理壓力的方法不對」，人的行為是可以被改變的，只是處理的方法要對。

2. 太過驕傲：人定勝天，事在人為

有些人太過驕傲，目中無人，當然也無法取得他人的協助，「謙卑自己」在改變過程中非常的關鍵，改變的人需要支持和陪伴，自己完成改變的機率較小。

3. 人的性格決定一切：

人的性格裡，有大約百分之五十的部分是無法改變的，它們是 DNA，但是另外的百分之五十是可以改變的，可以經由鍛鍊而改變，這也是本書要專注的重點。

4. 只要有毅力就能夠改變

毅力是改變的要素之一，但是不是唯一，聖經裡有句名言「立志為善由得我，行出來由不得我」，我們還有許多的關鍵因素必須要同時運作，才能達成改變的目標。

" 一個「改變」的決志 "

在藍天白雲的陽光天，我們常會在開闊的天空中看到老鷹在盤旋，他們順著氣流安舒的在那裡飛翔，找尋地上的獵物；他們知道舒適的氛圍不能幫他們飛高，飛高的唯一方法是「逆風飛翔」要附上代價犧牲自己舒適的代價，努力朝著目標向前；我們有覺察自己的行為嗎？每天有多少時間待在舒適區？又有多少時間在「逆風飛翔」呢？

有位教練朋友在今年年初送一個郵件給我，他告訴我今年他決志要改變的主題，希望我陪他走這段轉型路，我非常高興的同意了，依據我個人的經驗，陪伴者和改變者所學習到的都是相同的豐富。

這是他今年的改變目標：

1. 說話要更謹慎
- 自己說話要正直誠懇。
- 說到要能做到，否則就不說。
- 不說閒話，
- 用話語來幫助他人更有正向能力和愛心。
2. 避免被冒犯

- 別人說的話不是針對我，放輕鬆點。
- 別人說的話只是代表他個人的看法和想法，
- 當我參與他人個人事件的討論時，我不會是受害者。

3. 不對他人的言語做假設

- 敢於問釐清性的問題，
- 多做溝通，避免誤解，
- 敢於同意你們所不共同認同的事或是意見，

4. 全力以赴

- 不是盡力而為，而是以「使命必達」的心態待人處事。
- 不做批判，不逃避，不後悔。

　　我們即將開始這段改變的旅程，在下一章，我們開始學習如何讓改變發生？不是如何改變的理論，而是如何讓改變發生的技巧和流程。

RAA 時間 ：反思，轉化，行動

- 你個人今年的決志是什麼呢？
- 這個月，你的改變關鍵詞是什麼呢？
- 你要什麼，不做什麼？
- 你如何評估成果？

3章

換軌：讓改變發生的五個黃金法則

不走出去，眼前就是世界；一走出去，世界就在
眼前；不花時間去創造你要的生活，你就必須花
更多的時間去應付你不想要的生活
—佚名

生命就是一條船，每一個人都有能力開船，但是只有少數人能將船開到目的地。

我們在第一章曾經引用達爾文的幾句話：「不是強者，也不是聰明者，更不是最優秀的物種才能生存，而是對外在環境應變力最強的物種才能存活。」應變力是動物（包含人類），最基本存活的能力，但是這還不足以讓我們突出，活出自己的特色價值和命定，帶引我們面對成功；管理學人哈默爾說：「未來企業競爭力較少來自於事先的計劃，更多仰賴於對未來情勢探索的能力，能夠在不斷湧現的議題中找出優先次序，找出自己能著力的機會」，這段話對於每一個個人也是真確；一個有競爭力的企業要看趨勢看大局，積極改變才能有機會突出，一個人也是要在各地區各領域找出未來需要的人才和能力，加速自己能力的建設和行為習慣的改變，才能夠突出，在這一章裡，我們就專注在「如何讓個人的換軌改變發生」這個課題上，在還沒進入正題以前，我們先來探討幾個常被問到的問題，再深入談改變才有意義。

1. 改變的層級或是深度都是一樣嗎？
2. 人可以被改變嗎？哪些可以改變？哪些不能改變？
3. 自己可以改變自己嗎？

4.改變，痛苦嗎？

" 改變的層級 "

許多的年輕女孩常常會問她的同伴說「你看我今天的新髮型如何？」「我這件新衣如何？」，她的人還是沒有改變，這不是我們說的改變，我們要探討的改變可以分成兩個層級：

- 外在行為的改變：一個人表現在外的行為，你我可以體驗到的行為，比如待人接物的行為，面對員工或是家人的互動行為，對人的禮節，說話的語調，安靜傾聽而不插話的能力…等，有許多的高階主管請外部的教練就是為了改變他們的行為，以前可能不自覺，或是自覺但是無法改變，只好求救於教練了。

- 內在心態的轉型：這是教練的終極目的，身心靈的改變，我們不希望看到一些皮笑肉不笑的主管，或是帶微笑面具的員工，我們希望的是真正的改變，一個充滿喜樂活力的員工；這是我們在這一章裡所要專注的。

" 人可以被改變嗎？ "

人可不可以被改變？在回答以前，先問一下當事人：「你自己願意改變嗎？」如果答案是不願意，那這個問題的答案是「不可能改變」，如果當事人願意改變，那我們才能面對及討論這個問題：「人可以被改變嗎？」

首先，我認為在正常的情況下**「沒有當事人的同意或是合作下是不可能改變的」**，我講的是在自由的國度裡，洗腦不算；一個人的行為是可以改變的；一個人的個性絕大部分也是可以經由學習，體驗和覺察來改變；最高一個層級是「品格」，這要清楚定義什麼是所謂的品格，它是內在品德外顯行為給受眾的感受，比如說「真誠，勇氣，謙卑，紀律…」，一般來說，這大部分也是可以改變的，經由有意識的學習，歷練和自己對決定的承諾，可以強化轉化品格或是讓自己更成熟穩定，更值得信任。

我相信人的本質是善的，只是後天外在的環境或是學習氛圍將它扭曲了，這些環境包含家庭，朋友，學校，社群，社會國家和世界村；為了要生存，要成功，要成名，自己建立了一套獨特的價值觀，信仰，哲學思想和假設；直等到走到世界的盡頭或是面對完全絕望的情境，他才願意脫下面具，露出本相，謙

卑的尋求協助並願意改變，我相信我們多少都有這些的經歷。

"自己悶著頭努力改變，行嗎？"

　　有許多人在年初的時候就做一套新年度計劃，要節食要健身要早睡早起，要結婚要旅遊要建立家庭…等，自己的動機很強，在家裡每一個角落都貼滿了寫這些目標的貼紙，有效嗎？這是我們常說的「Inside out」的自我管理，《聖經》有句話在這個時候說出來非常的貼切：「立志為善由得我，只是行出來由不得我」。

　　我們「知道」，可以常常「做不到」；憑著自己的毅力可以順利達成目標嗎？這是可能的，只是還有一條更輕省的道路，讓我們在面對困難時有人陪伴，在快要跌倒時有人拉我們一把，當我們面對絕望即將放棄時，有人關心我們給與及時的激勵和盼望。

　　到底，要如何讓改變發生呢？這個小秘密就是在「Inside out」之後再加上一個「Outside in」，讓他能互轉互動，一個是推力，另一個是拉力；幫自己找一位「陪伴者」，好似電影《洛基》裡的拳擊教練，那人不只是洛基的教練，在練習時他是陪伴者，失意時是支持者激勵者，成功時是分享者。在這一

章裡有更多有關這個主題的著墨，我稱它為「雙軸心法則」。

"改變，痛苦嗎？"

　　這是一個好問題，也是一個不可逃避的問題，我用一個類似的問題來解答：「媽媽生孩子，痛嗎？」「痛」，但是媽媽們為什麼還是選擇生自己的孩子？許多媽媽都會告訴你「值得」，這是有盼望的生命力，我們如何來複製這個情境，讓改變能順利發生？這就是本書要專注的課題。

　　我們常說「由外向內是壓力，由內向外是生命力」，改變必須離開自己的舒適區，這會產生痛苦，當面對痛苦的心情是絕望時，這痛苦是折磨；當痛苦充滿著「盼望」，期待未來的喜樂會更大時，它的心境將不同；差別在於「**你是主動主導改變，還是被動的被改變？**」

"改變的第一步驟：改變什麼？"

　　找出自我改變的主題是一個挑戰，有些人常會說「我很好啊，有什麼需要改變的？」甚至有些人會說「東西沒有壞，為什麼需要修理？」在經歷過幾次的大災難後，我們知道，不斷

的更新和保養是非常重要的，好似一台電腦，保養是換修老的零件但功能不變，這就是「精進」的改變，我們會在「寧靜革命」章節裡討論；這就好似更新 OS， 否則有些新的軟體就跑不動了，這是「換軌」的改變。對於一個人，如何感受到這個改變的必須呢？自我的察覺是關鍵，但是靠外部的一些訊號也可以幫助我們找到這些線索，在此我舉兩個案例：

一是我太太喜歡重複模仿我的一些特別的口頭禪或是小動作，讓我自己覺得很不舒服，她是我的一面鏡子，讓我感受到自己的行為。

另一個極端的案例就是「被冒犯」，某些人說了一句無心的話語，但是聽話的人自己覺得很受傷，但是對方可能不知道，對於一個有自我覺察能力的人，這是可以順藤摸瓜的時刻，為什麼我會生氣？是我的弱點？和他人的競爭比較？是自己的驕傲？還是內心的苦毒不饒恕某一個人？有些人容易生氣，我也是請他用這個方法找到源頭，為什麼生氣？它的根源是什麼？

◆ 改變的「雙軸心法則」

在我們華人的很多文字裡，都已經呈現了雙軸心法則。

像是「危機（危險和機會）」，「除舊佈新」，「機會和挑戰」，我喜歡談到的「Cha-Cha-Cha（改變—挑戰—機會）」，

市場經營需要有「Push-Pull（推力
和拉力）」這就是「雙軸心」的概
念，我們如果只是要「除舊」力道
有所不足，需要一個「佈新」來強
化它，形成一個力量，在大自然的
法則裡，在面對新的機會時，也會
同時面對挑戰，不會「到手擒來」
如此容易。

雙軸心法則 [1]

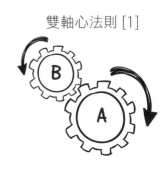

　　那我們如何來設定「雙軸心」的目標呢？我來用一個簡單
的公式，大家比較容易理解：A 到 A+b 到 a+B 到 B。

　　A 是想要或是需要被改變「不要」的元素，B 是希望能新長
成「要」的元素，這是雙軸。它們最好是有以下的一些連結：

- 　相關性，互補性，一負一正，一個減少破壞性，一個加
　　增建設性能量。
- 　一個是負向能量，另一個是能加增正向的能量。
- 　對於當事人有急迫性，關鍵性，和意義。

　　讓我們舉幾個例子討論：
　　一個組織高階主管邀請我當他的教練，目的的幫助他「克

服憤怒」的行為（Anger management），他在許多公開場合常常會為一點小事而生氣，他的口頭禪就是「不要讓我生氣」，員工對他敬而遠之；我問他什麼是你改變的目的？只是克服憤怒呢？還是有更高的目的？他想了想，「要能心平氣和的傾聽他人的想法，做個好領導人」才是目的，最後，我們設定改變的目標是「克服憤怒」和「心平氣和的傾聽」，A 是減少憤怒，B 是心平氣和的傾聽，這是雙軸，經歷了六個月後，他成為受尊敬的主管。

有個成功的企業家想退休，將棒子交給下一代，但是他擔心的是退休後要做什麼？平常大權在握，很忙也很有成就感，就將整個生命寄託在這家公司上，也沒有太多的私人生活，更沒有培養自己的興趣，退休後做什麼呢？我們及時啟動他的換軌生活，現在他活得悠閒自在。

另一個專業的技術主管，被任命為新事業部門主管，這是他的夢想，但是他自己也沒有把握該如何開展，這是一個全新的領域，新的軌道，他該怎麼換軌？相似的，一個醫生成為院長，一個老師成為校長，一個銷售員成為經理，都會有這個「換軌」的經歷，它不會自然發生，而是必須經過一個有意識的覺察和鎮痛轉變，才能成功。

再回來看我們身邊的人，還是有說不完的換軌改變的案例

和需求：

　　有個天才型人物，二十六歲就在美國的頂尖大學拿到生化醫學博士，但是在同一天他卻告訴我「陳老師，請你幫助我離開實驗室！」，他在全美中風醫學領域裡是傑出的科學家，研究論文常被引用，但是他並不快樂，他要換軌。

　　某一個年輕人上網玩遊戲上癮，他希望能戒掉，我問他你想做什麼改變？他說不上網玩遊戲，我告訴他這是一個好的目標，但是力道不足，我問他為什麼你希望玩電動？在什麼時間會玩電動？他遲疑的一會兒說：「是下班後晚餐前那段無聊空虛的時候」，我再請問他那段無聊空虛的時候，你認為最有意義的事是什麼？你最喜歡做什麼？「健身，跑步，日落前騎自行車」，最後他設定「減少玩電動，加增健身活動」，「A 是玩電動」，「B 是健身活動」；目前，他走在自己的軌道上。

　　許多做父母的人都會有這一刻「昨天是爸媽的孩子，今天是孩子的爸媽」，這是一個新的角色和責任，以前沒有經歷過的，該怎麼換軌？

　　家裡有個水缸種蓮花，時間一久，花沒有長好孑孓倒是長了不少，太太趕忙買了幾隻小魚來吃孑孓，我問她這樣問題解決了嗎？孑孓不是問題，這缸裡的水不乾淨才是問題，所以最後的解決方案是「養小魚吃孑孓」和「常加新鮮的水」，這也

是換軌所需的雙軸。

我自己進入人生下半場的換軌轉變也是起於一段和醫生的對話，那次我坐骨神經痛到無法開車，醫生給我開了藥方，還給我一句話：「不要忘記你的年齡。」他要我以前沒有做過的運動不要再嘗試了，會傷身體；這句話喚醒了我，也開啟了我人生下半場的教練生涯，它花了我兩年時間完成了這次的換軌。

這雙軸的目標還需要達成以下的目的：

一個是「**目前要解決的問題（Remove）**」，另一個可能是「**希望達成的目標（Restore）**」，比如說是心平氣和的傾聽或是健身活動等，這都是正向能量的目標；另一種可能的目標是「處理問題的根源」，玩電動只是表象，真正的問題在「空虛」，所以 B 的目標就是針對處理「空虛」而來；孑孓只是表象，水不干淨才是問題，所以目標 B 就是「常加新鮮的水」；在改變過程中，同時能處理「問題的根源」，它的價值會更高；不要整天在想如何除去房間裡的那隻粉紅色大象（困難），時時和那隻大象奮戰，而是多想像到移除了之後，房間會長成怎麼樣？有綠色的盆景和鮮花，多了些自由的空間和時間。

到此，我們暫停（STOP）一下，來做一番反思的動作，反思是 RAA（Reflection, Application, Action），STOP 代

表 Stay back, Think through, Options, Proceed（往後退一步，想透它，還有什麼機會和選擇，決定後再向前行），請將你的改變雙軸目標寫下來。

STOP　你現在最急著改變的課題是什麼？（要雙軸哦！）

" 如何讓改變發生？ 五大黃金法則 "

　　美國的行為改變心理學家諾克羅斯博士（Dr.John Norcross）在他的書《改變學》（Changeology：5 Steps to realize your goals and resolutions）裡，提出他多年的研究和實驗，總結出五個步驟，簡單但是專業，這也是我所使用的改變流程，我在每一個步驟後面再加上我個人的發展，特別在心思意念的改變以及使用的工具上，希望能更具有可操作性，強化由「應該」到「可以」的實踐力。

◆ **第一步驟：心理預備，起始於「啟心，動念」**

　　改變起始於個人有「柔軟的素質」和「改變的動機動力」；

「如何讓改變發生」流程

五黃金法則	翻轉心思意念	工具箱
1. 心理預備	啟心，動念	改變的七個關鍵因素
2. 行動預備	大破，大立	GROWS 2.0，支持者，MAP. LATTE, VIA MBO, MBP, SMART
3. 開始行動	合力共創	LBO, MAP
4. 邁向巔峰	堅毅達標	追蹤，記錄 (Journal)，全力以赴檢查表，MAP
5. 永續發展	高峰體驗	RAA, Feed-forward

我這裡說「柔軟」是針對「剛硬」說的，有些人對自己非常有自信，當他人給他建議時，他心裡不關心你在說什麼，而是在預備如何來反駁，告訴你是錯的；這裡我要特別強調柔軟的心理素質，有受教和開放的心志，它有幾個面向：「膽識，謙卑，紀律，示弱（Courage, Humility, Discipline, Vulnerability）」，有膽識用開放心胸來傾聽他人的看法或是不同的意見，更有勇氣做決定做改變，願意以謙卑的心態放下對抗的心態來傾聽做反思和決定，紀律是能夠說到做到；示弱的能看到別人的亮點，看到別人比自己強的地方，看到自己還有成長和進步的空間。

　　改變有七個關鍵因素，在找到自己要改變的雙軸心目標後，我們開始要做的是心理建設，「知道」做什麼不難，最難的是「如何做到」，有人說「由知道到行道做到是世界上最遠的距離」，非常的有道理，這七個步驟就是要幫助我們跨過那

改變的七個關鍵因素

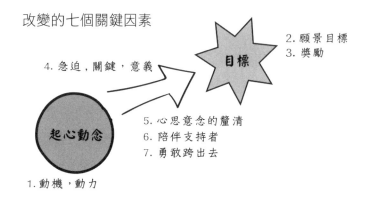

恐懼之河，說起來簡單，但是能做到不容易；這是我做教練經驗驗證後的總結：

1. **動機，動力**

先說服自己（buy-in），再開啟能量的瓶蓋；不只是應該改變，而是我願意改變嗎？改變要先「說服自己」，我們要問自己的是：

- Why：我願意改變嗎？為什麼需要改變？是什麼，為什麼，憑什麼？ 不改變行嗎？ 不改變會有什麼後果？改變後，對我有什麼好處？ 最強的動力來自於「厭惡」於現在的情境，要有絕對的「**飢渴感和不滿足感**」，「必

須（Have to）」要馬上離開，而不是「**最好**（Nice to have）」或是單單的「渴望」能離開，在改變的過程中會經歷困難或是誘惑，那時心靈不夠堅毅的人老是會回頭望往日的舒適日子，還會不時的問自己「這值得嗎？」這「厭惡，飢渴，不滿足」就是預備那時所需要的能量，堅定的告訴自己「這是我的選擇」繼續往前行；這也是為什麼結婚要有婚禮的誓言，這是「初心和承諾」，對於一個創業者的經歷不也是一樣嗎？這是「心思意念」的一念之轉，才能產生最大的動力來源，才會有急迫感。

- How：「如何做改變？」「我面對改變時的態度是什麼？」是被動還是主動的「欣然就道」，這就是我渴望的機會，願意以「勇氣，謙卑，示弱，說到做到」的態度來面對改變；最後是「改變要附上多大的代價？」時間，金錢…等。

- What：我該做什麼？我有能力做這個改變嗎？需要協助嗎？

這是喚醒自己的一場自我對話，啟動自己的積極性，在理智的「決定改變」後加上「為何而戰」的「感性動機和動力」。

激起動機強化動機好似一個騎馬的人，騎師可以在馬上頭指揮，但是沒有馬自己的帶動還是走不動，騎師是我們的IQ，做理智的決定，但是我們需要能帶動馬匹，這是我們的EQ，要能啟動能量，要能激起「為何而戰，為誰而戰」的熱情，以前有過「十萬青年十萬軍」的一段歷史，為什麼會發生呢？這要和下一個主題「願景」深深連結，才會爆發出能量來。

2. 願景和目標
我們有三次可以享受成就感的感動，一次在計劃和願景浮現時的感動，一次在實踐和堅持過程中的感受，最後一次是在達成目標時的激動。

十七歲少年古岱爾（Brian Goodell）是 1976 年三面奧運游泳比賽金牌得主，我聽過他的講演，他親口告訴我們他成功的三個秘訣，並強調「拿美國地區冠軍可以靠體力和技術，但是拿奧運冠軍則是靠心智」，他的三個秘訣是：

* 設定自己的比賽目標，就是要拿冠軍，這還是理智的想法，要將它轉化成為感性的目標，要自己想像拿到世界冠軍那個一幕是什麼情景？國旗慢慢升起，唱著自己的國歌，全世界的人都在看著你，你則是看著遠方座位

上的父母和女朋友的眼神，自己也不禁流下眼淚，就是這一幕，你心中追求的這一幕，將它凝固住，放在心中的深處。

- 將自己的目標和承諾寫下來，貼在床邊，桌子上，廁所…你所能接觸到的地方，時時提醒自己。

- 將對這個目標無關的事，全部予以拒絕，專心的來面對這唯一的目標。

這願景和目標是你自己的選擇，這是機會，也會面對許多的誘惑和挑戰。

對於一個心靈空虛時候的你，當你建立自己的願景後，你會在想到這個景象時會怦然心動嗎？你願意放下你手上的遊戲機或是電視遙控器，而主動離開那個舒適區嗎？如果這還不夠，我們繼續往下看。

3. 獎勵

我們不是談「結果（Result）」，而是「獎勵」，對我有什麼好處，有什麼意義？這是改變最底層的激勵和致命的吸引力。我在極力追求的是什麼呢？我要什麼呢？對於一個年輕人，可能是工作的喜悅，有空間有成長有意義，健美的身材，財富的積

累；對於一個事業有成的中年人，可能是美滿的家庭，升官，受老闆的讚賞；對於一個即將退休的人，可能是找到生命的意義，健康的身體，孩子們都事業有成，有老伴老友同行；你要的是什麼呢？哪一個目標能和你最關鍵的生命意義連結呢？它對你急迫嗎？這是我們下一個主題。

4. 急迫感，關鍵性，有意義

急迫是改變的重要關鍵元素之一，我們都學習過時間管理的理論，管理急和重要的事，重要但是不急的事，可能就會被擺到一邊去了，改變是一個連續性，急迫性優先性的課題，否則就不可能改變了。什麼是急迫？就是「必須要，馬上要」而不是「最好能有（沒有也無傷）」的目標。

除了急迫性之外，關鍵性是非做不可，對你自己也非常的有意義，這都會加強改變的力度。

在這裡，我們再停一下反思前面你自己寫的改變課題。這個目標和它即將成就的願景對你是否會有感動，激動，甚至於讓你坐立難安，有要馬上站起來行動的衝動嗎？因為你非常厭棄目前的狀態，必須馬上離開這情境的衝動，如果沒有這個衝動，那你所選擇的目標還不對。

可是你心裡還是覺得這是一個對的決定，只是提不起來精神，怎麼辦？這是你個人的心思意念的問題，我們再回來這個領域來查驗，是否你被卡在哪裡出不來？

RAA 時間：反思，轉化，行動

- 你所決定的改變課題讓你感動、激動而急著必須要馬上採取行動嗎？

5. 心思意念的關卡

我們在第二章對這個主題已經有深入的探討，這也是我們每一個人時時都可能面對的困境，知道但是做不到，《聖經》裡常提到的「立志為善由得我，行出來由不得我」。

我們在上一章針對這個主題有詳細的解說，「知道」是理智的行為，它是「使命，願景 ，知識 ，經驗 ，智慧」， 它必須衝破另一層的音障，它們是「自我中心，老傳統 ，心中的過時知識，自我為中心的感覺…等」，它們都是對我心思意念捆綁的力量，拉住我往下沉淪，阻止我提升的重擔；如何能及時的喚醒自己，開啟自己心靈的眼睛，開啟一段的自我和他人的

對話，找到真誠的自己和自己選擇的方向，也能思考如何化阻
力為助力，轉化負向的困境為為勇於面對挑戰的正向能量，邁
向另一段新的旅程？要能自我鬆綁，要自己決定，縱使犧牲自
己的享受和舒適，或是面對困難和苦痛，我也要往上提升；改
變會痛，「信心」和「堅毅」的意志力是解藥，這就發生在我
們「心思意念」裡的一念之轉。面對外在的不確定性，每一個
人都可能還是會有許多恐懼，那怎麼辦呢？你還需要一個或是
幾個陪伴者支持者，這是下一個關鍵元素。

6. 陪伴支持者

　　當我們面對不確定性時，我們心中的感受是什麼呢？ 就
是 FEAR 恐懼，有時靠自我的對話可以控制，更多的人更多的
時間是還是走不過去，FEAR 可能是 Forget Everything And
Run（不管三七二十一，先跑再說），或是 Face Everything
And Rise（勇敢面對，奮發再起）。

　　最保險的方法就是找一個陪伴者或是支持者，他可能是一
個導師教練，或只是一個陪跑員，在你最軟弱的時候，有人陪
伴激勵扶你一把，讓你不至於跌到，我們在下一個單元再來詳
細說明這位陪伴者支持者的角色和責任；在高層主管行為改變
教練裡，他們的角色非常的關鍵；我給你的挑戰是「你有生命

的導師嗎？他們可以成為這個改變課題的支持者嗎？」如果你還沒有個人的生命導師，你願意找一位嗎？ 導師的功能會讓你的生命更多彩。

7. 勇敢的跨出去

我有一位高階主管學員做事的能力很強，可是他大老闆說他「太保守，不做決策」，我問他「這是你嗎？」他說「我經常想太多，希望面面俱到再行動，但也常常還沒做決策前，大老闆已經等不及而幫我做決策了，這是我的困境，我該怎麼辦？」

及時的跨出去是一個關鍵的決定也是關鍵的時刻，游泳教練常常會說「先吸一口氣再跳水」，我會說先心靈預備好再啟動，選擇一個值得紀念的日子，給自己一個啟動儀式，就是一個禱告或是日記，我的做法是寫在日記本上，和昨日的我道別；如果你沒有寫日記的習慣，我常會建議我的教練學員寫一封信給昨天的自己，向他道別，寫好了

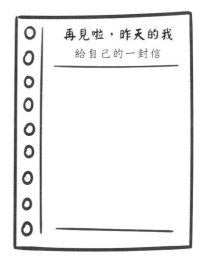

再見啦，昨天的我
給自己的一封信

RAA 時間：反思，轉化，行動

- 你對你決定的改變課題想清楚了嗎？決定向前行還是要撤回？還有恐懼嗎？
- 你有陪伴者支持者嗎？決定什麼時候開始啟動？
- 你寫信向昨天的「老我」道別了嗎？

就放在自己的抽屜裡，一年三、五年後再來拆封，看看是否已經改變成為一個新人，給自己一個驚喜。

" 改變的第二步驟：行動預備 "

有一個非常有趣的實驗，是一位心理學家傑若斯（Rob Jolles）在 2014 年出版的書《如何改善心智》（How to change mind）裡頭所分享的：

我們的生活面對不同的事或是人會有幾個流程在不斷的循環著，第一個狀態是「我很好」，許多的青少年都會如此說；其

次是「我被卡住了」，只是抱怨老闆不公，同事偏心，為什麼那些好康的不是給我？不斷的抱怨，但是他告訴自己，我還可以忍受，第三階段是「不能忍受了」，最後的一根稻草斷了，我必須反抗，改變或是逃避；這還是情緒性的語言或是行為，不一定是真的，直到他邁向下兩個流程「我該怎麼辦？」「我該做什麼？」這才是真正有機會轉變，這也是我們這個主題要探討的內容，「行動預備」，也許有人會好奇的問，有多少人會由第二階段「只是抱怨」敢於邁向第三階段「我不能忍受了」呢？這位專家的報告著實讓我們嚇了一跳，但是冷靜下來，倒也真實，圖表上是他的統計報告。

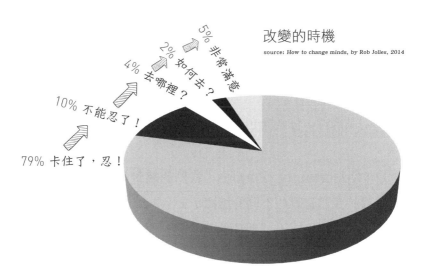

改變的時機

source: How to change minds, by Rob Jolles, 2014

5% 非常滿意
2% 如何去？
4% 去哪裡？
10% 不能忍了！
79% 卡住了，忍！

" GROWS2.0：開啟另一道門 "

我們有許多人都熟悉「GROW 模式」，我個人認為 GROW 是偏重在管理，使用在做事的規劃和方法，但作為改變的工具，我又加進幾個非常重要的元素，成為「GROWS2.0」，它是在做「策略規劃」，我們還需要在這個階段有「戰略計劃」，這是 MBO/ MBP 的功效，我們一步步來闡述，讓改變能落實能發生。

G：Goal（**目標和願景**），這是我們剛才所談過的，我們待會兒還會更深入的談什麼才是一個好的目標設定？SMART 是我們使用的工具，留待下一個主題再談談。

R：包含有許多的內容，Reality, Resources, Restriction, Role and Responsibility（**現實狀況，資源條件**〔**特別是優勢**〕**，限制條件，你的角色和責任等**）；簡單的說就是現實的條件。

O：Opportunity, Options（**我們的機會是什麼？要達成這個改變，我們有哪些不同的選擇？**）

W：是 Will, Way（**我們的決定是什麼？我們選擇執行的方法是什麼？**）

GROWS 2.0 模式

6 RM
Right Man and Members
有好的領導者及團隊
Right Motives
好的動機
Right Moment
對的時間與機會
Right Model
好的策略
Right Method
好的實踐方法
Right Management
好的管理

選項1

GOAL
目標

Will, 決心, 意志力

Stakeholders, 支持者

選項2

Reality, 現實狀況
Resources, 資源
Restriction, 限制條件
Role & Responsibility, 角色與責任

　　S：Stakeholder（陪伴者，支持者）。在改變的七個關鍵元素裡，「陪伴者和支持者」是一個關鍵元素，我們要將這個角色和他能發揮的價值做進一步的定義，在做企業教練裡，我會很清楚的定義，並且要學員自己邀請他的支持者，親自解說支持者的角色和責任。

　　許多的事目標只有一個，但是執行的策略和路徑，可能有許多的選擇，這是智慧。在此我來說一個故事好幫助大家開竅：
　　一個非常有經驗的船長每次經歷過一段的暗礁區都非常的

順利，沒有發生過任何的問題，看他的航海地圖也和大家的都一樣，有人問他是怎麼辦到的？他的回答簡單清楚「我將船開到水深之處，遠離暗礁」；這是一個選擇，但是太多聰明人努力在建立規則制度或是 SOP（標準流程）來強化管理避免事故發生，但是有智慧的人的策略就是遠離事故區，這是一個選擇（Option）。

◆ 支持者的價值和力量

我們常會有一種想法，認為改變可以靠一個人的意志力量達成，許多的證據顯示，那是不切實際的想法，只靠自己的心思意念，只做由內而外的努力，常常會功虧一簣，我們常聽到「我戒菸戒了幾十次」，最後還是沒有戒成，就是這個道理，它的關鍵就在於還需要另一個力量，由外而內（Outside in）的張力或是壓力，外部支持者的設計就是這個道理。我們設計了許多的環節和氛圍，來建造一個外部的張力氛圍，強化改變的力道；下頁圖示呈現了我們第二個雙軸心法則。

至於哪些人最合適成為你的支持者或是陪伴者呢？他們應該是：

- 和這個教練主題相關的人，他們和你個人有時時的互

動，能就近觀察的人，

- 你和對方有深層的信任關係，但是也不是太親密到凡事說 Yes 的人，或是在權威底下不敢說真話的人，

- 有一個安全的距離可以反思和觀察，他敢於對你提出挑戰性的看法，願意說出真話的人，

- 是個能保密的人，

- 是個正向積極的人，

- 是個衷心願意幫助你成長的人，沒有比較或是對抗的心態，

- 願意多做實際的觀察和體驗，就事論事，而不是藉機說教或是挑釁，

- 敢於說出自己心裡的感受和觀察，沒有恐懼或是不會

受冒犯，

- 在日常生活中，和你有緊密的合作互動關係。

- 支持者不只是一位，可以是多位，在高層主管教練裡，我的設計是至少六位，至多八位，要能包含多元和不同的層級的人在這個團隊裡。

◆ 哪些人可能是你的支持者？

　　這問題則會因改變的主題的不同而有不同，在個人的層面，可能是你的家人，配偶，或是你最親密的朋友，我還記得曾參加著名的「Toastmaster」的社團，朋友間會互相幫忙改進你的口語和說話術；一個高階主管要改善他的「憤怒情緒」，他邀請他的配偶加入這個支持者的團隊；在組織裡，支持者可能是你的主管，同事，人事部門的夥伴或是下屬，支持團隊的成員必須要多元多面向，而不是只找自己的鐵桿們；雖然他們相對的比較理解你的行為，也時時和你在互動，可能的盲點是「用過去的經驗來解讀你現在的行為」，所以對於他們的反饋必須要有分辨的能力；他不是你的「檢察官」來控告你的，所以你也不需要成為自己的「辯護律師」。

　　最重要的是，支持者不是被指定的，而是要當事人個別邀請，而且要說「我立志在這個課題上改變自己，你願意在未來

六個月幫忙我嗎？」靜待對方同意後，才開始解說支持者的角色和責任，還有和當事人定期的反饋對話。

◆ 支持者的角色和責任：合力共創的夥伴

- 傾聽者和合作夥伴：更深度的理解對方為什麼要改變？感受他的動機，願景目標和計劃，如何評估他的進展？

- 觀察者：不是找碴，而是有點距離的來觀察和感受對方所請託的課題，他做的怎麼樣？你個人的感受如何？你會給他什麼反饋？

- 支持者：當對方面對困境時，如何及時的扶他一把？給予激勵和陪伴？

- 挑戰者：這是最難但是也是最有價值的地方，

◆ 如何和支持者互動？

當事人可以隨時探詢支持者的觀察和反饋意見，作為一個教練，我建議建立一套流程機制，讓它至少會定期發生；我的做法是至少每一個月定期的和你的支持者有一次簡短的對話，只問兩個簡單的問題：

- 針對我想改變的主題，我過去這段時間你對我的觀察

是什麼？哪些有進步了？（反思、回饋）

- 你對於未來一個月的努力方向，有什麼建議嗎？（前瞻）

在對話的過程中，也可以使用「LATTE 對話技巧」：

- Listen：安靜的傾聽，不做任何解釋，不做自己的辯護律師，否則對方下次就不再説了。

- Ask：有疑問或是不明白的地方，可以用好奇的心態提出釐清性的問題。

- Thanks：在結束時只是説「謝謝你的寶貴意見」，不要廢話。

- Think it over：對所有的支持者的意見採集完成後，好好做個反思，你同意他們的説法嗎？要分辨。

- Execute：自己所認同的，要開始實踐，這就是下一個月著力的主題，這是打帶跑，慢慢一步步邁向目標。

同時，每一個月寫一篇「行動計劃」（MAP：Monthly Action Plan） 再和你的支持者分享，請他們再幫助你向前，這個部分，容我再待會兒和大家分享我是如何做的。

"6 RM"

我們談完了支持者的角色和責任，如何互動，這是教練型改變的重點，最後還有一段精華路段，我們不能忽略，就是六個 RM：

- Right man and members（對的人和團隊，支持者）：我們的願景對你是否合適？會太高或是太低嗎？你邀請來的支持者是合適的人選嗎？他們會是支持的力量還是傷害的源頭？
- Right motives（對的動機）：對於這個改變主題，你的動機純正嗎？還是假冒偽善？
- Right moment（對的時刻）：對於這個改變的主題，時機成熟了嗎？還是需要再等一等？
- Right methodology（對的策略）：你的策略是否合適？是否能幫助你達成你的目標？
- Right method（對的方法）：你選擇的方法和路徑，是否正確？它有效嗎？
- Right management（對的管理）：開始實施後，你是否有追踪的機制？沒有追踪，這是「知道做不到」的

起源。

說了好多的理論架構，在此我來分享一些案例，讓大家能有更清晰的概念，自己才能夠實踐。

有位技術部門高層主管被提升為事業單位總經理，他的朋友為他歡呼，因為這是難得的機會，他很聰明也很努力，應該可以勝任，但是當他和我第一次見面時，他並不特別興奮而且充滿著恐懼和不安，他告訴我「這是一個我不熟悉的領域，請你幫助我！」，作為一個個人教練，我還是由 GROWS 2.0 開始和他對話，釐清他的新角色和責任，新職位需要的成功關鍵能力，確認他的能力缺口，軟實力和硬實力，最後才是採取行動計劃，有潛能的地方用教練，沒有能力的地方用導師甚至閱讀和教導來強化，目前他已經上了新軌道。

另一個案例最讓人興奮的則是個「克服憤怒」的案例，就好似我在本章所說的，他很容易生氣，在開會，在電話裡，甚至於在家裡都容易被冒犯，容易變臉；他基本上是個好人，做事能力也非常的強，但是就是這個毛病讓他的職業生涯劃下休止符，他來尋求幫助，他個人對未來升遷非常在意，所以改變的動機很強，我和他一起選擇幾個在他身邊的人作為他的支持者，包含他的太太，這是一個全天無休的支持系統，最後他安

全的跨過這個台階，他的改變也贏得同事的尊敬。

" 大破，大立：生命再造 "

在上一章節裡，我們曾寫了一封信向昨天的「老我」告別，今天開始新的旅程，使用 GROWS2.0 釐清自己的目標，資源，選擇，決定，支持者，時機…等；這裡還有一個動作需要做，才能齊備。

我自己經歷過一段故事，是我預備開始走入人生下半場換軌的關鍵時刻，那時我決心放下過去所有的，向昨天的老我道別，就好似我們上面所說所做的，在開始起步前，我請教了幾個長者，他們成功的換軌，也是我所尊敬的人，他們告訴我，捨棄是大家都知道的事，因為自己不能捨不願捨，他人也會捨棄你，所以不如先主動，免得心靈受傷，但是還有兩個更重要的元素，許多人都忽略了，我將這段經歷轉化成為我的 VIA（Value-in- Action）「價值啟動」模型，它包含三個重要元素：

1. 對於實現未來的願景，我們需要哪些關鍵能力？
2. 昨天的資源有哪些還是有價值，經由轉化強化可以繼

VIA, Valua in Action: 價值啟動

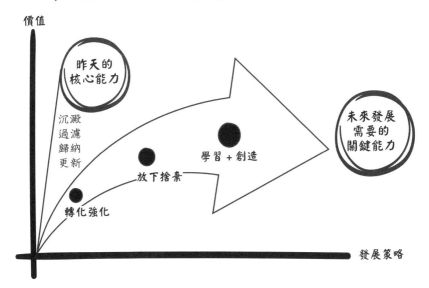

續增長的？

3. 哪些必須要放下或是捨棄的？哪些需要重新學習或是
   再創造的？然後才能精準提升往高處行。

◆ **翻轉：阻力，助力**

　　在這個轉化的過程中，會有許多向下拉的力量，叫我們「一
動不如一靜」，包含自我肉體要求舒適安全，魂裡要求自我的權
力和名利，再加上外在環境氛圍，這是一股向下沉淪的力量，

如何離開這些漩渦，敢於放下和捨棄既有的舒適，邁向另一個不確定的未來？如何找到向上的動力？這是在改變過程中時時會出現的掙扎，這也是「堅毅」能量發展的最佳舞台。讓我們先問自己：

- 有哪些力量阻擋我做這個改變呢？又如何避開礁石？是恐懼還是自我設限還是視而不見？是「驕傲，罪惡感，過去失敗的恐懼經驗，還是面子問題」？是自己內在的誓言告訴自己「這對我是不可能的」？這好似一台電腦內部的作業系統會決定對外在的機會或是挑戰是否有感？這是所謂的「錨定（Anchor）」，你我心中的定見或是態度會決定我們所感受或是所看見的外在事物；在教練的對話裡，我們可以慢慢來釐清這些心靈裡的鎖鏈。一個有經驗的老船長會知道如何遠離礁石區，將船開到水深之處，而不是依靠技巧的避開礁石。

- 我會如何應變？如何來改變它？這是一個自我的選擇和決定，你願意犧牲，主動，積極，參與，貢獻嗎？你願意離開舒適區「逆風飛翔」嗎？這才能高飛。

- 如何找到自己的幫助能量？你有哪些資源？你又有哪些可能的選擇？許多的時候，當你踏出第一步時，奇

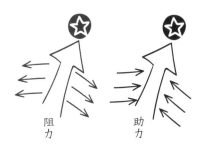

阻力　助力

蹟就發生了，許多的資源是你踏出第一步時才顯明出來的。在改變過程中，我們都會經歷「6D」的過程：Dream（夢想），Decision（決定），Delay（延遲，猶豫），Difficulty（困難），Dead end（撞牆，無路可走），Delivery（成就）；它發生的次序可能不太相同，但是這個因素都可能經歷，有些元素看似負面，但是它卻是激起改變正向能量的來源。

RAA 時間：反思，轉化，行動

- 你決定如何開始改變呢？
- 你的策略是什麼？
- 你有使用 GROWS 2.0 的模式嗎？
- 使用 VIA 模型時，你的哪些是可以保留轉化的，哪些必須放下或是捨棄的？哪些能力必須及時學習的？

" 第三階段：開始行動 "

我們做好了心理建設，有了目標熱情動機和行動策略，再下來就是開展行動，我們要從哪裡著手呢？

◆ 行動藍圖：目標領導

在改變時不能只靠北極星，也不能只靠心理羅盤，它們讓我們不會患大錯，不會迷失方向，但可能帶我們進入山谷困境而不是最安全有效的方法；如果我們再來查 GROWS 2.0 的模型，每一個人的現況和資源都不同，所以採取的路徑可能都不同，所以必須依照個人的現況做個別的安排和計劃，有個行動藍圖。我用的模型是目標領導（LBO：Leading by objectives），要寫下這個計畫，我們需要先問自己幾個問題：

- 我要達成的目標是什麼？哪些是達成目標的成功關鍵元素？（軟性和硬性）

- 拆解這些成功的關鍵元素，我們如何來訂它個別的目標呢？（Be specific）又如何衡量個別的進展呢？
- 這些目標達成的機會有多少？（Achievable）
- 再來反思一下，這些關鍵元素是和達成的目標有具體的相關嗎？（Relevant）
- 我們有多長的時間來檢驗這個改變的計劃？（Time bounded）

這就是我們常用的「SMART 思路架構」（Specific,Measurable,Achievable, Relevant,Time bounded），這個架構幫助我們收斂和專注。

我們繼續來建立 LBO，它可以針對一年，三個月，一個月甚至是一周，針對我們所設定的改變目標，我們要先選定幾個關鍵元素，最後濃縮為四個關鍵行動指標；每一個關鍵因素再來拆解,建立它的的成功指標，這也是評估它未來進展的指標，也可以在這個圖標上建立自己的成長路徑圖，直到達標為止。

◆ LBO 案例

這四個關鍵行動指標也就是你要和支持者溝通對話的基礎，而不是只是問「你覺得我過去一個月做的如何？」這樣太

模糊而沒有著力點，他們的反饋也沒有太多的價值，我們來舉個案例給大家參考：這是一位 26 歲醫學博士的換軌目標計劃。

改變的目標：在一年內，由中風科學研究專家開始轉換成為「生化科技 IP 智慧財產權律師」

關鍵行動 1：研究生化科技 IP 智慧財產權律師的市場和機會（第一季度）

- 鎖定研究市場：台灣，中國，亞洲，美國，全球的互動關係，
- 鎖定研究的時間：過去三年 到未來十年，
- 鎖定領域：哪一個領域對我特別有利，是我的機會，
- 鎖定先驅者，追踪他們的軌跡和研究報告。

關鍵行動 2：研究生化科技 IP 智慧財產權的法律訓練資格，學校和時間費用（第二季度）

- 如何做個合格的 IP 律師？需要那些資格和證照？
- 如果要進學校進修，那幾個學校最優？
- 學費，時間多長呢？

關鍵行動 3：和這個業界的幾個前輩請益（第二季度）

- 哪些人是合適的對象？
- 請益什麼問題？
- 期待什麼結果？

關鍵行動 4：做決定，開始行動（第三、第四季度）

- 開始申請學校，預備專業學習
- 哪些專業能力要繼續強化？
- 哪些專業能力要暫時捨棄？
- 哪些能力要新的學習？
- 這是我要走的路嗎？
-

" 第四個階段：邁向巔峰 "

RAA 時間：反思，轉化，行動

- 在開始行動時，我有預備行動藍圖嗎？
- 哪些是關鍵元素，如何來評估進展呢？

◆ 堅毅（GRIT）：使命必達

一個新牧師到一間教會報到，他第一次做禮拜時發覺彈琴人的位置在他的左邊，在敬拜的過程中雙方無法及時的溝通，所以在下一個禮拜的週間，他和幾位的同工就將這琴移到他所熟悉的右邊；待下週的禮拜時，他看到幾位長執們的臉色有點難看，他也不以為意，直到下次執事會開會，這件事被提出來討論，雙方有些爭執，最後牧師走路，這台琴又被搬回來原來的位置；幾年後，這位牧師再回來這間教會，發覺那台琴也被移到右邊了，這位牧師很好奇的問這個接班的牧師「我以前這麼做的結果是被逼離開，你是怎麼辦到的？」這位牧師聳聳肩說「一次移一寸」；改變要有目標，更要棄而不捨，堅持到底。

企業喜歡強調「韌性」的能力，我更喜歡「堅毅」，韌性是受挫力，當面對挫折時能百折不回，越挫愈勇的精神；堅毅是「使命必達」的精神，為了達成長遠的使命目標，竭盡全力，不只在面對挫折的能力和態度表現，更是在面對目標，如何克服困難，使命必達，只有不斷經歷挫折，歷練受挫力（韌性），堅毅能力才能長成。

◆ 由優秀到卓越的最後一哩路

優秀者需要「學習力和應變力」，成為卓越者的最後一哩路

是「抗壓力」；有次的奧運游泳決賽，肉眼看四個人一起到達，但是最後有一個人沒有拿到獎牌，因為他的差距是 0.01 秒，這個落選的人說，「我沒有憋住最後那一口氣，我輸了。」

航空首要的原則是「逆風起航」，才能提升高度。這是人類向鳥兒的學習，他們在戲耍時可以隨意飛翔，但是要爬升，則必須逆風。我們的生命成長，是否也是如此？

◆ 反思記錄

在改變的過程中，我們可能是「一日移一寸」，但是怎麼能認定我們是有在移動而不是退步呢？在經歷退步時，我們有學習嗎？如何確定下次再發生時，我們不會再經歷同樣的錯？有兩個個工具非常的有效，一個是「反思記錄」，另一個是「全力以赴」反思表，它們將許多無意識的心思意念轉化為有意識的文字，在重組思路和寫作的過程中，它再次的強化新能力的學習。

內容可以更改，它主要的目的是建立一個有覺察的反思流程和記錄，當我們做對了，就將它寫下來；當我們做錯了，也是將它寫下來：在什麼時間，是什麼原因我作出了什麼行為？比如說「發怒」，當時為什麼發怒呢？那時我的感受是什麼？我作出了什麼行為？造成了什麼傷害？我事後的感受和反應是

反思紀錄

主題：						
時間	發生什麼事	我的心思意念	我的行為	造成的結果	我事後的感受和反應	我下次該怎麼做

什麼呢？我決定下次改怎麼做呢？

　　比如說：「在今天早上 1030 AM 開會時，王主任遲到 15 分鐘還慢慢的進來，也沒有說一聲抱歉的話，我的感受是不被尊重，太過分了，我就當場發飆，對他兇了一陣，大家都嚇呆了，也都沒有心情開會，氣氛不對味，我就宣布改天再開。事後反省起來，我感受到自己太莽撞了，當然王主任有錯，但是比較起來，還是開會比較重要和緊急，可以事後再來處理他遲到的事。」

◆「全力以赴」反思表

這是教練前輩葛史密斯博士在他的《學習改變》書裡的表格，我自己已經使用了一陣子了。

我先訂定自己的關鍵的改變主題，它可以是行為的改變或是一個需要時間思考的主題，將它放進來，每天在離開辦公室前，做一個反思「我今天是否有全力以赴的努力做改變？」由 0 到 10 分，給自己打個分數，並喚醒自己明天該如何做得更好？

這是一個自我反思和覺察的工具。下頁是我的一位教練學員的參考範本。

◆ 月行動計劃 MAP（ Monthly Action Plan ）

在每一個月，我會要求當事人回去面對你個人的支持者，只請問他們兩個問題：

- 針對我個人的改變主題，你認為我過去 30 天有什麼顯著的進步？
- 對於未來 30 天的發展，你有什麼建議？

在這個對話過程仍然使用 LATTE 的模式，不插嘴，不解釋，只是安靜的傾聽，釐清，感恩，深思，分辨，再執行；如

我是否有全力以赴？檢查表（1-10分）	週1	週2	週3	週4	週5	週6	週日	平均
我每天有明確的執行和發展目標								
我今天有達成目標使命								
我在組織今年的 Job#1 做出貢獻								
人才培育的投入								
在達成組織目標的精進								
對於產品設計的投入								
在 A 級客戶的關係上								
花時間在家人身上								
健身								
飲食健康								
工作喜樂，沒有情緒化行為								
（…自行追加）								

果你有多個支持者，你可以將它們的反饋整理出來，成為新使力的重點，就是這樣一點一滴的，一次移一寸的，慢慢堅持的邁向目標。在邁向目標的過程中，我們也要常常反思：

- 你還走在你的道路上嗎？
- 我現在離開目標還有多遠？（1-10 分）
- 我還保有起初改變的熱情嗎？（1-10 分）
- 達成目標時，你會如何慶祝？
- 你會如何表達你對支持者的感恩？

MAP（每月反思紀錄）

支持者 Stakeholders	過去一個月我主要的進展或是成就是什麼？	下一個月需要努力的兩個重點是什麼？

RAA 時間：反思，轉化，行動

- 在邁向最終目標時，你有經歷過差錯嗎？
- 你有寫反思紀錄嗎？哪些對你有效？

"第五步驟：永續發展"

有人說「創業難，守成更難」，這話不假，在經歷困難重重的改變旅程後，特別是在慶祝儀式後，整個人可能會放輕鬆而回歸原樣，打回原形，如何能夠持守？

我們來看看人的行為模式，是怎麼建立起一個新的習慣。

我們不斷的會面對困難，試探和誘惑，引誘我們不要改變，或是將我們打回原形，這個時候，我們要做的不是獨立對抗或是將自己孤立，而是將自己和正向支持者團體靠攏取暖，美國的「無名戒酒協會」就是一例，他們在全球幫助過許多的酒癮者戒酒，他們建立了一個溫暖的社群和專業的陪伴者，和這些酒癮的人建立 12 條簡單的規律作為心思意念的指引：「想喝酒就來這社群聚會，不和不誠信的人打交道，不去龍蛇混雜的地

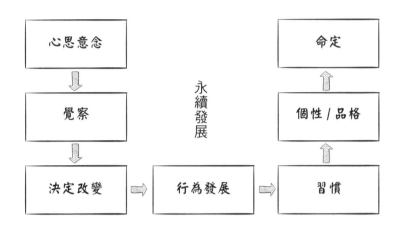

方，不喝來路不明的飲料，當你幫不了自己時，趕快尋求外面的協助…」，他們不只是要治療外在的行為或是習慣，因為面對誘惑時大部分的人還是抵擋不住這些致命的吸引力，他們更希望能幫助人改變心思意念，做一個新造的人。

又比如臉書上有一個社團叫「早起團」，是一群年輕朋友們相約每天早上五點半開始起床，先到臉書打卡報到，然後才開始自己的晨間日記和計劃學習，沒有來的人則互相的關懷，據我所知已經有一群人堅持超過三年了，就是這股的社群熱力，幫助他們能堅持下來，這也是養成習慣的最佳方法。

◆ 改變的果實：持續的陪伴和追蹤

依據英國的《人事管理評論》的報導和追蹤，一個人的成長如果只做培訓（灌能）效益是 22％，如過培訓加上教練，效益會高速提升到 88％，但是會隨著時間而慢慢遞減下來，如果我們在培訓，教練後再加上陪伴或是追蹤，其效益不只會更提高，而且能更穩定，成為他的習慣，個性和品格；一個成功的人生不在於他的臉書裡有多少個粉絲，而在於他有多少個「深層信任」的好朋友，你可以很放心的和他談你的感受和想法而不會擔心被冒犯。

◆ 改變成功的最後一里路：破除內在誓言

我們上面談到的是改變的流程和必要元素，這都是關鍵，

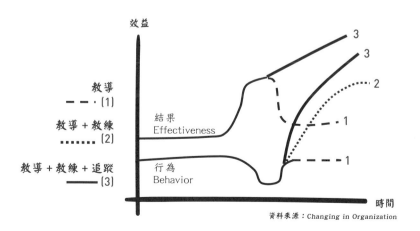

資料來源：Changing in Organization

它偏重在「我應該」，「我要」這些層面，它可以讓改變發生，但是如何持續呢？如何成為一個新的生活態度呢？這個要回到「我是（Being）」的層面，它常常被外在許多的社會價值，心思意念等灰塵包裹住了，好似一塊大岩石裡頭隱藏了大衛的雕像，必須靠米開朗基羅的智慧和工藝才能將它雕琢出來，除去灰塵，露出光華；我對米開朗基羅說的一句話特別印象深刻，他說「它本來就在那裡，我只是將它身上的灰塵除去罷了」，改變就是除去自己心中的灰塵，讓自我顯露。

當「我是」可以顯露出來時，在你我的心中會有一個清楚的心理羅盤和自我定位，在面對逆境時，「堅毅」的性格才能現身，無畏外在環境的風和雨，使自己內心有足夠的能量來導引自己做對的決策，採取有效的行動。

我們心中有許多的泥沼和灰塵，它們是我們早時的「內在誓言」，過時的「價值觀或是經驗」，這些都是無形的「堅固營壘」或是「免疫系統」，也好似我們的直覺會告訴自己「這不可行」，「這個人不可靠，不能碰」，「我不是這種人」，「如果我這樣做，我會被…」，縱使我們有堅強的改變意志力，但是我們心中這個操作系統還在深深的影響甚至引導我們走不同的路，這是一個「**隱藏的對立承諾**（hidden competing commitment）」，它們無意識的隱藏在你我心中，我們必須

要改變的目標和指標	行為陳述 （做到／沒有做到）	內在誓言， 堅固營壘	新的 行為改變
每天運動 30 分鐘	1. 偶爾做到 2. 沒有排進作息表 3. 太熱了 4. 有點懶	1. 我還年輕 2. 我身體還健康， 3. 這個不急 4. 我上下班走路就 　　夠了	

資料來源：Changing in Organization

將它移除，它需要花點時間，做幾次的深度教練對話，才會慢慢顯露出來，我使用教練對話來展示如上表的參考案例。

◆ 反思行動（RAA）

　　最後，「反思」是對自己和外在環境的覺察和感受而採取的行動，它代表反思，轉化，行動，對於一個專注的人，這是一個不停止的活動，生命如逆水行舟，不進則退，如何保有一顆學習者的心態，在面對不斷更新的社會裡，不斷的學習，反思，轉化，行動，不斷的更新自己心中的「OS」，在心思意念裡造成一個正向的循環，生生不息。

RAA 時間：反思，轉化，行動

- 你如何持續你的改變呢？

- 面對試探和誘惑，你如何堅持呢？

- 你有支持的夥伴與你同行嗎？

- 你有內在誓言嗎？如何移除？

4章

讓大象也能跳舞：如何讓團隊的改變發生

昨日的優勢，擋不住明日的趨勢

" 東西沒有壞，需要修理嗎 ？ "

　　許多組織有非常成功的經歷，大臣老將們還沉迷於往日的輝煌，但是他們卻漠視即將來臨的機會和挑戰；我們看到許多的名牌企業，比如說諾基亞、柯達、昇陽電腦…一家家公司的沒落，在消失前，他們都還是行業的領頭羊，那為什麼他們會完全的失敗呢？

　　管理大師柯林斯（Jim Collins）曾在著作中提到企業衰敗的一些徵兆：

- ・　太過自負於往日的輝煌，
- ・　沒有企圖心再創高峰，
- ・　貪圖安逸，不再冒風險，
- ・　投資在一些不相關的行業，

我們的觀察還有兩大死穴：

- ・　組織太老化，太官僚，
- ・　組織太成功，太自大。

　　領導力專家德普理（Max. DePree）在其著作《領導的藝術》裡，也提出現今 20 個組織惡化的跡象，其中包含：只管理而沒有領導，安於淺層信任，高層關係緊張，製造問題的人多於解決問題的人，只用控制而不領導，員工對於組織的願景和目標沒有印象，只重視科學精神和流程忽略人的潛能，推銷而不是服務，成本價格導向而不是價值導向，過多的 SOP 和工作手冊，內部競爭文化而非合作分享，過度追求數量的成長，依靠組織的架構運作而不是人，失去恩慈謙卑和尊重的文化…等。

　　IBM 在 2014 年曾做過一次企業外部有關「組織最急迫需要的改變」的調查，結果的前幾名是：

- 員工的心思意念和態度：58%
- 新領導力的更新：49%
- 企業文化的更新：49%
- 低估了經營環境的複雜度：35%
- 高層主管對改變的承諾：32%
- 不知道如何啟動變革：30%
- 可用的資源不足…：30%

　　《華爾街日報》在 2015 年二月份也做一次同樣的調查，它

的結論也是相近：

- 領導力的改變：81%
- 溝通的能力：79%
- 組織發展能力：77%
- 組織變革能力：74%

　　組織變革的能力高掛在企業高階主管的最急需強化的課題，但是這些調查報告也同時告訴我們，許多高階主管們都缺乏領導改變的能力。

　　日本的教練企業「Coach A」在 2015 年中針對亞洲 109 家企業 650 個高階經理人做一次有關領導力的訪談，針對多元的領導力組合，那些是最急而且最需要發展的領導力？結果佔據鰲頭的是「改變的堅毅能力（Change resilience）」，我們都知道該改變了，但是常常無法堅持到底，這也是我在第一章的次標題寫著「改變是唯一通往成功的捷徑，但是這條路並不擁擠，因為堅持的人不多」，改變的堅毅能力是如何讓改變發生的關鍵，這對多數的高階經理人是個大挑戰。

　　一個組織的衰敗有它內在和外在的原因，不可一概而論，有些企業是因為外在的大災難，學術術語叫「破壞性的創新」，

而不知道自己是怎麼失敗的，諾基亞和柯達都是明顯的案例；我們剛才所說的原因大都發生在內部，我們稱它為「死於安樂」。

至於外在的原因是什麼呢？我們在第一章有提到「DDCU+3G」，這是誰都阻擋不了的大趨勢，也就是「高動態，多元化，複雜化，不確定性，全球化，世代交替，女性平權」的社會，也是面對「TEMPLES」：科技高速發展（Technology），經濟動盪（Economics），消費者的行為（Market place），政治環境（Politics），法律規章（Law and regulation），環保（Environmental），社會價值（Social values）的社會。關鍵在於你的企業有應變力嗎？身為一個高階主管，你有讓組織大象能跳舞的能力嗎？

有許多企業在年初計劃時都有「變革」這個內涵或是專案，但是依據我們的理解大約有 70-90% 的計劃胎死腹中，為什麼呢？這就是這一章要談的主題，市面上的「組織變革」書籍大都偏向理性的流程，大都將變革當中一個專案流程來管理，基本上這就是錯誤的開始，作為一個企業高管教練，我個人對組織變革的關鍵經驗是：

- 它必須是以人為本，必須非常人性化，理解和認同相關人員在變革過程中的需求和感受。

- 必須由上而下：不是命令，而是領導表率，以身作則；
  先由自己的改變開始，然後擴散到組織各個階層。
- 相關各個階層的承諾和投入參與。
- 必須正式的立案，才能做內部有效的溝通，並設立獎酬
  機制。
- 高層主管的支持和主持。
- 必須有急迫感，
- 企業文化的相容或是同時做更新變革。

" 領導者的迷思 "

我們的社會正在由「工業化」走進「創新」時代，前者靠
管理談效率，後者靠領導談效益，這是一個翻轉的世代，但是
許多的主管還沒有覺察到需要改變，他們有許多的特色，比如
說：

- **想贏的心態**：凡事都有定見，聽不進去不同的意見，努
  力為自己的立場辯護，用「說服，影響力，最後就是權
  力」來溝通。它的底層是面子和安全感問題。
- **凡事想加值**（Add-on value）否則認為自己失職：最

常用的字眼是「你說的不錯，不過呢…，我還有一點補充意見…」，或是「Yes but」（可以，但是…）結果是加值 5%，員工士氣降低 50%。

- 貼標籤：「他總是…他不行…」是他們的口頭禪，總認為自己是識人高手，員工一被貼上標籤在組織裡就永不得翻身。

- 完美主義者：吝於讚美，喜歡在雞蛋裡挑骨頭，無論員工多麼努力，他認為總是有改善的空間，而看不見員工的優點，給予適時的讚美。

- 好搶員工的功勞：一將功成萬骨枯型的主管；好主管的典範是責任一肩扛，功勞大家享；他的用語裡只有我，沒有我們。

- 無法控制自己的情緒：話很多但是沒有重點，更無法傾聽他人說話，無法容忍不同的聲音，甚至於懲罰信差；更沒有說謝謝的雅量。

- 主管萬能：認為主管的責任就是幫員工解決問題。

"改變了什麼？"

我們先來看大趨勢，除了我們很熟悉的電子商務和物流之

外，大數據，雲端技術和應用，工業化 4.0，物聯網，移動通訊平台，App，社交網站，網絡安全，異業交流，人才教練，新世代消費者，新商業模式…等都是熱門題材；如果由企業經營面來觀察，可能的主題是：「企業轉型到有服務能量的組織，由製造到服務轉型，由製造零組件到提供解決方案，由自己製造到外包，由效率成本導向到創新價值導向，由內銷或是中國市場到國際化市場，由老闆說了算到合作共創的團隊，由內部研發到開放外部顧客參與研發…等。」

我相信大家自己身邊也會有許多的案例，想改變也必須改變，但是沒有把握改變成功，該怎麼辦？我們也會可以仔細觀察公司的主力供應商，主要客戶，主要競爭者，市場領導廠商，技術領導廠商他們對這些大趨勢的應變策略來印證自己的策略和戰略是否正確。

" 為什麼組織的改變不會發生？ "

除了剛才說的「改變只停留在口頭上或是壁報上」的層級之外，還有其他的可能，比如：

- 「知道」但是「擔心做不到」或是「不知如何做到」？

- 跳躍式的多變：計畫趕不上變化，變化趕不上英明老闆一句話，最後就是在原地打轉。

- 溝通不良：我幾種可能「這和我沒有關係；我不認為你是說真的；我不相信我們可以辦到；我就是不支持你；你說的和我所認知的不同」。

- 員工的情感連結（Emotional Engagement）不足：這個改變對員工個人沒有好處，甚且可能要犧牲，在心裡上產生抗拒。在 1994 年我第一次到中國北京的天安門廣場，看到一個紅色橫幅，上面寫著「在天安門廣場建功立業」，地底下在建地鐵，這是給那些工人看的，讓他們的工作產生意義，有一天他們要帶他們的孫兒女來這裡，告訴他們「這個地鐵的建設，我有一份」；如何將工作和個人的目的和意義連結，這是領導力重要的挑戰。

- 員工心裡的抗拒：企業在轉型到工業化 4.0，引進更多的自動化機器人，資訊自動化等，這些大趨勢大家都可以理解，員工不是不支持，而是他們想到的是「我們可能就要失業了」，沒有配套措施，沒有培訓的機制，大家不安全感就增加了。

"工具箱：如何讓組織的改變發生？"

在開始教大象能跳舞以前，我們必須預備一些工具，在面對大象時才不會手忙腳亂。

◆ 雙軸心法則

第一個工具是雙軸心法則（2），我們在上一章已經對這個主題有過介紹，Inside out+ Outside in；要改變得快速有效，這是一條捷徑；由內往外是「生命力」，它是清晰的願景和目標，有極具吸引力的獎酬，它也在每一個參與的人心中有感動和激動，感到改變對自己的意義和關鍵性，進而強化自己的動機，動力和熱情，它好似一盆被點燃的火焰，生生不息。

第二個軸心是由外往內這是「壓力或是張力」，在非常悠閒的心態下無法做改變，必須有張力，它是急迫性，多走一里路的精神，高目標，超越期待的精神，具有競爭力，就是要不同要突出的不妥協精神，這好似一桶油，在火焰上噴灑，讓火焰更加的濃烈。

◆ 雙軸心法則應用的故事

建立起將結果和個人責任和利益聯繫到一起的制度，能解

組織變革的雙軸心法則

由外而內
Outside In

由內而外
Inside Out

決很多組織的問題。

　　二戰期間，美國空軍降落傘的合格率為 99.9%，這就意味著從概率上來說，每一千個跳傘的士兵中會有一個因為降落傘不合格而喪命。軍方要求廠家必須讓合格率達到 100% 才行。廠家負責人說他們竭盡全力了，99.9% 已是極限，除非「出現奇蹟」。於是軍方就改變了檢查制度，每次交貨時從降落傘中隨機挑出幾個，讓廠家負責人親自跳傘檢測。

　　從此，奇蹟出現了，降落傘的合格率達到了百分之百。

◆ 大眾（員工）參與（PE: Public Engagement）

　　不只是對話，還要有大眾（員工）的參與，特別是在組織

裡，這是一個專業的能力；我們看到公部門裡有許多的應用，它
要達成的目的很單純，就是聆聽在野的聲音和意見，融入到組
織決策，以期待能更貼近人民的期待；它是實施辦法各異，各
階段的目標也不同；由最淺層的「告知」（這是一般政府官員
的政策宣導），到中層的「合力共創」，到最深層的「賦權」
（社區營造是好的機會），它使用的時機和層級決定於「外在權
力給予的壓力和影響力有多少？以及誰掌握最後的決策權」？
在「創新，創造」大趨勢的需求下，它有非常高的價值。

　　這是一個非常有力的領導技能，在組織裡的大眾就是員
工，針對不同的主題在不同的成熟階段，可以採取不同職能員

大眾參與 Public Engagement

參考資料：IAP2

	行為	目的	決策者
1	告知 inform	決策說明會 + 問答	主管單位
2	諮詢 consult	傾聽大眾的意見，做為決策的參考	主管單位
3	參與 involve	大眾參與決策過程的討論	主管單位
4	合力共創 collaborate	大眾平等的參與決策流程	合作雙方共同決策
5	賦權 empower	在規範內，大眾自行討論並作決策	大眾團隊

組織職能

工的參與策略，我們將組織裡的員工依照他們的職能分成幾個族群，在改變流程中，他們需要在不同的階段參與和貢獻。

◆ PE 使用的案例

　　卡特彼勒（Caterpilar）是家全球知名的大型工程機具製造企業，原本經營得非常成功，但是到 1980 年代，企業變得過度管理（好熟悉嗎？）組織整體的問題沒有人關心，和市場慢慢脫節，直到連續發生三年虧損，終於讓他們驚醒，他們知道他們最大的敵人就是自己之後，重新改造組織運作再出發，他們最經典的設計就是成立一個「策略規劃委員會」，這個組織成員刻意摒除高階主管，只選用中間主管和幾個天生反骨的員工，定期開會，這成為這家企業的「思想突破小組」挽救了公

司的命運。

◆ 6 個 I 的參與

在組織裡有不同個性的人，在改變過程中，我們將他們分為「自燃人，易燃人，不燃人」，自燃人是對於新事物或是改變非常的熱情參與，自動自發，非常的積極，他們是先知先覺者；易燃人是當經過合適的溝通認同後，還是會熱情參與，這是後知後覺者；最後一種人是不知不覺者的不燃人，就是不願意改變，更不要說參與了，他們有可能是改變的重量而不是力量，會成為負擔或是阻力。

改變的第一波人選必須是自願和自動的自燃人，因為要離開他們自己的舒適區，冒著風險和困難，甚至還會遭受冷嘲熱諷，自願的熱情是他們支持的力量，我們如何來找到第一波的人選呢？不是點名、而是用 6 個 I 的方法，經過實證非常的有效，這是人性。這 6 個 I 是：

- Insight：分享願景
- Invite：開放邀請
- Involve：參與計劃討論，提供意見
- Inquire：探詢對話和挑戰

- Inspire：激勵和獎勵
- Informed：分享給沒有參與的人

這是在不同的階段，我們要邀請不同職別和專業的人來參與討論，參與改變的建造。

◆ 漣漪效應

這是一個加乘的效果，對組織特別有效，我們常說「積小勝為大勝」，如何做到呢？這是一個方法：先找到自己的「強連結」，他們是信得過的朋友，死黨,支持者,核心團隊成員,家庭成員…等。 再來影響「弱連結」，他們是一般朋友，社群朋友，同事…等，慢慢的產生清楚的定位和價值，正向能量也同時增強，「漣漪效應」（Ripple effect） 的共鳴效果即將產生，他們是志趣主題相同者的互相吸引和熱情的投入。

◆ 組織改變的 GROWS 2.0 模型

我們在上一章有談到個人改變的 GROWS2.0；組織應用它的基本理論還是一樣，只是在兩個關鍵詞的定義上要連結到有團隊：

- S：除了 Stakeholder 之外，我們要加進 Support（支

讓改變發生！
HOW TO **MAKE CHANGE** HAPPEN? THE LAST MILE FROM A TO A+

- 1 6 6 -

持政策），在換軌的變革行動裡，最大的阻力來自於員工對於新的環境和技能沒有把握，心理有許多的恐懼，但是他們不一定說出來，所以組織要能提供一系列的培訓或是裝備課程，讓員工能安心的走過這改變的恐懼之河。

- **6 個 RM 裡的第一個 RM**，在組織裡，我們定義為 Right man（對的領導人）與 Right members（對的團隊成員），在組織變革裡，這些都是關鍵元素；在早期的變革團隊裡，「自燃人」和「易燃人」或是「助燃人」的條件是必須的。其次是 Right moment（對的時機），時機不成熟的改變，再多努力可能還是事倍功半。

◆ 組織裡的價值更新啟動（VIA: Value in Action）

在上一章我們有非常詳細的描述，這裡不再重複，這是組織變革的重要元素，不可不知，不可不覺察，哪些是昨日的核心能力，我們還需要繼續投資發展？哪些可能必須放下割捨？哪些是必須加速引進學習的？哪些又是必須另起爐灶，重新創造？這是核心團隊在決定改變目標時必須同時做的決策；大象轉身需要時間，今日的企業不在比大小，而在比轉身的快慢（應變力）。

◆ 創造急迫感（Urgency）

沒有急迫感就不會有重大的改變突破，領導人的重要能力之一就是在重要的變革議題上有能力創造急迫感，如何來營造急迫感的氛圍呢？有幾個可能的方法：

- 將時間軸拉長：企業目前是西線無戰事，但是五年十年後會是怎麼樣呢？一個年長的成功企業創辦人一直不願意談組織的傳承和接班，年紀已經八十好幾了，他還是誇口自己健康好，還可以再幹個十年沒有問題，我給他的問題就是這麼簡單「五年十年後，你還在這個職位嗎？你還有能力日以繼夜兢兢業業的辛苦工作嗎？萬一沒有了你，組織會是怎麼樣？我們現在是否需要採取一些階段性的行動？」

- 加減法：世事多變，組織也需要應變，如果我們今日的暢銷產品被取代掉了，或是我們必須加增一個新事業單位，我們的組織有能力來應變嗎？今天，我們該做什麼改變呢？

- 壓力測試：如果我們的營業額減少了，成本加增了，新的競爭者用不同的商業模式進入市場，重要客戶一一出走，一個破壞性創新產品闖入市場…等，我們今日該

怎麼辦？

- **大趨勢**（SLRP, Strategic Long Range Planning，中
  長期策略規劃會議）定期檢驗。這是健康企業的定期體
  檢，以前是年度會議，現在是一年兩次，在 TEMPLES
  裡頭的任何一個元素改變都是開臨時會的時機。

" 改變的四個面向 "

改變不一定是非得要大破大立才可以，就好似這個圖像所
展示的，它可以是「創造，強化」，可以是「減少」，可以是

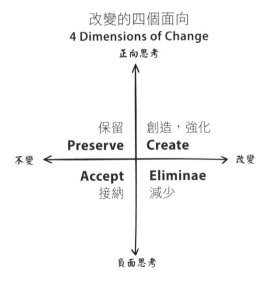

「保留或是接納」，這都是一個決定，一個改變的決定。

◆ 如何讓組織的改變發生？五個流程

組織改變的力量來自雙軸，每一個組織在不同的情境各有不同的力量，一般來說它來自外在的危機，危險和機會，它好似一個天空中的小黑點，一個有覺察和健康的組織會有機制看見，會進入覺察和有意識的層級來討論做決策，這就是我以下要用的組織變革模型。我也在不同的階段將需要參與的人，需要做的事列成表格，讓它能更清晰更實用。

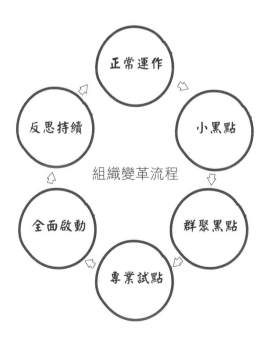

組織變革流程

◆ 組織改變過程中的「新路歷程」

　　由人性的角度來觀察，在組織改變中，我們會經歷幾個過程：

- Learn to change（認知改變的機會和必要性，學習改變的技能）
- Being the change（自己帶頭改變）
- Design to change（設計系統支持改變）
- Lead to change（自己領導改變）
- Sustain the change（持續戰果）

　　這和上一章使用的五個流程模式有異曲同工之妙：心理預備，行動預備，開始行動，邁向巔峰，永續發展，在下一章我們會更細節的來闡釋組織變革的這幾個流程的實際應用。

　　在現實的環境裡，我們則很可能會經歷這樣的流程：

A. Learn to change （認知改變，學習改變）

- 觀察到一些不尋常的小黑點，不尋常的現象，比如重要的客戶不再買一些指標性的商品了。一個有覺察的組織會感覺到這些變化。

- 看到更多的小黑點，烏鴉鴉的一片：更多的變化，傳統
的業務內容快速在流失，但是不是流失給競爭者；有
覺察的組織會做一次客戶的深度訪談，理解為什麼流
失？並在內部高階主管間開始做分享討論，並建立行
動方案的共識，這是行動預備階段；SLRP 和組織壓力
測試是兩個可行的工具。

B. Being the change （自己帶頭改變）

- 專案試點：組織的改變特色就是先由少數人先做試點，
由主管帶頭，召集「自燃人，易燃人」開始改變，建立
灘頭堡，再來經由內部的影響力擴散。

C. Design to change （設計改變）

- 組織改變起始於組織氛圍的改變，比如領導力，團隊分
享和合作，能力的培訓和支持，激勵機制和其他的配套
措施等；對於員工這是承諾也是激勵。一個人會因為外
在環境的改變而展現不同的行為風格，曾經有個笑話：
「孩子問爸爸能否搬到教會住，爸爸問為什麼？孩子
說：我喜歡那裡的爸爸」。

如果將場景轉移到公司內部，你也會看到不同的生態：

- 一個嚴厲管理型的氛圍
- 一個人性化管理型的氛圍

一個領導者的責任之一就是如何創造一個最佳的氛圍，讓團隊成員主動由「要我做」轉化為「我要做」。

D. Lead to change （領導改變）

- 專案試點的成功會有漣漪效應，影響員工的信任和信心，在擴大改變層面時，需要先做全面的溝通，面對相關的員工直接和他們對話，理解他們所關心的，需要的支持，再做最後的決策，開始行動。

E. Sustain the change （持續戰果，應變力）

- 反思學習，如果再來做一次會有什麼不同的做法？不只是累積經驗，更是累積面對問題或是機會的智慧，我們會怎麼來應變？應變力是組織能永續生存的關鍵能力。

我再來更詳細的解說一下，讓大家更能掌握它的精髓：

A. 小黑點：針對不同的主題有不同的專注目標，有些組織注視客戶服務的電話記錄，有些組織注重員工的流動率，供應商的技術改變，主要客戶的採購行為，重要競爭者或是市場領導者的財務報表…等等，平常不要只注意到自己部門的資訊或是財務數字，要對組織關鍵的訊息有敏感度，在定期的會議裡拿出來分享討論，這是高階主管（CXO們）的例行動作，CEO只要簡單的問大家三個問題：

- 在過去 30 天，你看到什麼變化？
- 在未來 30 天，你預見會有什麼變化？
- 你認為我們現在該採取什麼行動 ？
- 壓力測試：如果真的發生了，我們該採取什麼行動和策略？

這是在「心理預備」的階段，「**高層的關注和建立組織張力**」是重點。

B. **群聚黑點**：這是大趨勢的實證，需要事業單位主管（GM）的參與，他們對特別的市場有深入的研究，一起來探討和決定我們是否需要採取什麼行動？需要做什麼改變？我們

改變後的願景是什麼？它急迫嗎？我們改變的目標是什麼？對組織有什麼好處？如何激勵員工的參與？如何設計或是改變獎酬制度？第一步該做什麼？需要找一批人先來做有限度的試點嗎？他們的使命和任務目標是什麼？這是「行動預備」的階段，「**做決策，建設願景和目標，點燃急迫性**」是這個階段的重點。

　　C. **專案試點**：這批人是組織裡的「自燃人」，靠願景和價值吸引他們並採取行動，這是他們的機會，有獨立的空間，有高度的風險，也有高度的學習成長機會，可以幫助組織學習什麼才是最佳的選擇？由這個學習裡來設計改變的環境，流程和激勵機制，也同時建立信心和經驗，這開始進入行動階段；「**關鍵員工的參與，打帶跑，學習選擇最優化的路徑**」是這個階段的重點。

　　D. **全面啟動**：定義「組織面對的絕佳機會（Big opportunity）」，利用「大眾參與」的方法來直接面對「易燃人」型的員工，用價值和任務機會來吸引他們的加入；和他們直接對話，目的是尋求他們的參與和支持，這是一條我們沒有走過的路，每一個人都需要有自己的責任心和團隊精神才能走過來，這是邁向巔峰的階段；「**啟動漣漪效應，邀請員工的參**

與，賦權，積極快速邁向目標」。

　　E. 持續學習成長：改變不是一件突發事件，在改變後如何繼續持守成為新經營文化，這才是挑戰，如何讓它成為員工的新習慣，組織的新文化？如何靠反思，學習，在新的氛圍裡，不斷的用新習慣來合作和運作，這是一個「新的正常運作的階層（New Norm.）」。

組織變革的運作

	階段	參與者	行為（改變五步驟）	目的
1	小黑點	核心團隊 **CEO + CXO**	覺察，分析，共識 —**心理預備, learn to change**	起心 **關注，張力**
2	群聚黑點	經營團隊 **CEO + CXO + GM**	參與，負責，改變，決策 —**行動預備，being the change**	動念 **願景，急迫 目標，獎酬**
3	專案試點	執行團隊 **Managers**	參與，賦權，執行，發展 —**行動, design to change**	大破大立 **選項，學習**
4	全面啟動	全體員工	參與，溝通，承諾，投入 —**邁向高峰,lead to change**	合力共創 **支持，參與**
5	反思持續	全體員工	反思，學習，創新 —**永續發展, sustain the change**	新文化建設

◆ 組織改變的案例：再造到創新

創新是組織領導力不可逃避的責任，創新成功不只在乎一些好的點子，創新的技術，創新的商業模式，或是開啟一個新的事業部門，更重要的是「一個創新的文化和人才」，它是一池水，讓游在裡頭的魚兒能悠遊自在的發想，表達，並且能得到支持，互相的激盪，討論和挑戰；它不太可能存活於日常「高速快轉，目標和績效導向，SOP 嚴謹」的的組織裡；它需要有獨立的空間，獨立的團隊，不同的運作 OS，能招聚一批「自燃人」的內部創業型人才，敢於冒風險，盡其潛力，探索所有的可能，勇於承擔壓力，有高度熱情，打死不退，在失敗九十九次後還敢於踏出第一百次的勇者，他們是使命和價值導向，走出一條新的可能道路，再慢慢導入組織內部。

一個成功的創新組織，它有兩個部分，一個部分是「傳統的運作」組織，另一個是「創新創業型」團隊，

它們的團隊建設本質上有許多的不同，在組織的設計上，

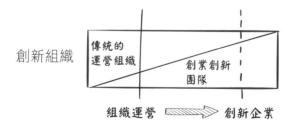

創新組織的設計

傳統的運營組織	創新創業團隊
• 組織階層系統架構	• 團隊精神，任務導向
• 目標 KPI	• 使命價值貢獻，參與導向
• SOP 標準流程	• 價值創新精神，要有感
• 績效，效率	• 效益，冒風險
• 穩定度	• 動態的客戶價值，前瞻式
• 管理重於領導	• 領導重於管理，以人為本
• 結果導向	• 價值導向，分享成果
• 員工滿意度	• 員工投入度 (Engagement)
• 培訓教導…	• 學習，挑戰，潛能發展…

無法「雞兔同籠」，無法說明哪一種組織比較好，所以在組織
設計時要考量以下的因素：

- 組織的發展階段：創業階段，還是進展到市場經營的不
  同階段
- 不同職能單位的不同需求：在研發，生產製造，品質管
  理，市場營銷，財務…等，都有不同的需要

" 是什麼扼殺了創新？ "

在組織裡有兩股力量每天不斷的在角力拔河，一個是組織

穩定與創新

• 標準流程	• 成長，應變
• 績效	• 利潤，投資報酬
• 尊重前輩	• 競爭力
• 員工滿意度	• 認同，不同
• 組織紀律	• 員工投入度
• 潛規則	• 價值創造
• 層級組織	• 創新，創業精神
• 結果導向	• 網狀鏈接
	• 內部創業

績效，它要求的是穩定和效率，在另一方面，有另一股力量在催促著要改變要更新，這股力量來自於市場的競爭，客戶的需求，技術的更新…等，組織就在「穩定與創新」間拔河，如果高階主管不及時介入，它會好似自由落體，自動掉回原形，傳統運營的組織模式，創新組織需要有一股強的力量，幫助它脫離地心引力，才能走出一片新天地。

◆ 組織內的創新孵育機制

　　一個高速，成功的企業裡，要能不斷的有創新，除非組織有非常傑出的創新文化（比如 3M 公司），否則它需要靠不同的組織機制設計來達成這個目標，這是我們研究調查後的一個

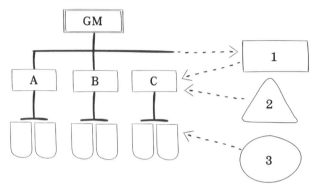

成功模型：

- 在上一節談到的「組織變革流程的運作"圖裡，當要開始進入「專案試點」時，可以試著走出組織架構，建立一個以「自燃人」為主體的內部創新創業「專案」團隊，他們是使命和價值創新導向，在高階主管的支持下，甚至可以走出組織規範，包含薪資，職等，預算，運作流程，團隊文化…等，而自建一套系統在團隊內運行，待時機成熟時，再融入組織的運作裡，亦或是自立門戶，啟動內部創業機制。

- 漣漪效應：創新不保證一定成功，它也不一定會有明確

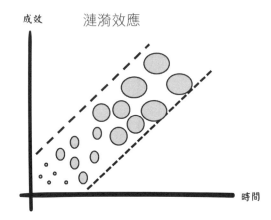

的時間表和預期的產出，放在傳統的運營組織裡，它會成為組織的負擔，而失去支撐的動力；它也需要有「積小勝為大勝」的精神，勇往直前。

◆ 新變形蟲組織

　　在 2015 年 6 月份出版一本新書《無主管組織》（Holacracy）；我有機會參與作者 羅伯森（Brain Roberson）的一場分享講演，它是「變形蟲組織」的現代版，因應組織人才和市場動盪多元，組織需要更靈活和學習，這種組織的新 OS（運作系統）最大的不同是：

- 組織的設計是針對專案而來，它可以是一個內部創業的團隊或是專案，可以說它是個網狀或是細胞組織。

- 每一個人的職責不再是固定（Static），可能隨時在變化（Dynamic）：沒有傳統的組織職位，只有專業，角色和責任則是依照參與的團隊和專案而定；團隊內部有自己一套認同的小憲法。

- 權力的來源不再是主管的授權和監督，而是來自專案團隊對組織承諾的張力，自主管理和負責的心態更被強化。

- 組織依據現況做必要的連續性的微調，而不是定期在大架構下的變革。

　　華人企業家謝家華在美國創辦的 Zappos 鞋店就引進了這套系統，他讓新進員工在早期就做篩選，新生訓練後員工可以有兩個選擇，拿幾千塊錢走人或是留下來，在這個階段離開的大概比例是14％，其餘的86％是認同這套系統，員工的流動率就非常的低，這是美國的一個標竿「幸福企業」。

◆ 創新人才哪裡找

　　如何找尋到組織裡的「自燃人」？領導人要靠願景和價值

來領導，這是對這群人最重要的「感動元素」，領導人「看見」
未來的大趨勢，轉化為組織的「大機會」，敢於做前瞻式人才和
資源的投入，有挑戰，高風險，無限可能，有空間，有支持，
能夠充分發揮個人的潛能，追求成就感的人，他們需要領導人
「以心真誠相待」。

　　當第一階段的開發完成，要開始走入第二階段的「全面啟
動」期，領導人需要的是「易燃人」型的員工，他們需要的是
理性的溝通，所賦予的任務必須要和組織現有的目標諧和不衝
突，新專案的導入對組織有極高的意義和急迫性，對組織這是
一個大好的機會（Big opportunity），融入組織的績效和激勵
機制，這些「易燃人」型的員工會積極的投入，他們的感動元
素是「組織價值和具體的執行目標」。

◆ Job ＃ 1

　　最後，我們來介紹幾個企業變革的案例，我有個教練客戶
在每一年做完年度計劃後，總部會再設定一個轉型的指標，他
們稱它為「Job ＃ 1」，它不是追求營業數字或是獲利率，而是
要「超越巔峰，邁向典範」，針對市場未來發展的大趨勢，針
對未來市場的需求，對於公司的機會和危機是什麼？如何翻轉
過來？CEO 每年初會問自己：「如果我是新就任的 CEO，我

第一件事會做什麼改變？」他們會找到一個特定的標竿企業，設定一些特定而可以學習和模仿的指標（還記得 SMART 思路模式嗎？）

　　經過改變流程團隊的討論，再選定一個做全公司的「Job # 1」，那不是口號，還有指標有檢驗和激勵機制，各個單位都有機會找到自己的著力點。

　　我舉一個例子，有一年，這家公司的目標是贏取全美品質最高獎項「Baldrige National Quality Award」，在 2000 年網絡還沒泡沫化前，他們的標竿企業是思科和昇陽電腦在網絡市場的產品和市場拓展策略，向其學習網絡世界的經營。全公司在六個月裡，客戶的訂單和物流資訊全部上網，當然配套措施的建設也是非常的積極，強力放送的結果就是能站在浪頭上，不會被大浪沖垮。

◆ 一個 CEO 的全球之旅

　　以前的老闆們出差行程都是被安排得緊緊的，有人說「人在江湖，身不由己」，但是這是真的嗎？為什麼他們不做一些改變呢？

　　我與一位高管客戶的第一堂對話，設定的目標是：「如何將自己做得不重要」，下一句我們則都有默契：「如何將員工

做得重要」。

　　另一個客戶轉型的案例是，他以前出差的行程就是到一個有分公司的城市「蹲點」，只蹲三點，機場，飯店和辦公室，行程匆匆，再趕下一個城市…，這樣不斷的循環著，我問他，「你行程的主要目的是什麼？」他猶豫了一下，還真有點難回答，一個幾百億企業的老總，出差到海外分公司做什麼？我不為難他，只問他：「你在做的事有人能代勞嗎？還是你做了他人該做的事了？你有做只有總經理能做的事嗎？」

　　最近見面，他臉部表情輕鬆多了，我問他做什麼？做了什麼改變？他告訴我，每次出差，他的主要任務是「和員工對話，和客戶對話，和合作夥伴對話」，他走出一個新「公眾參與」的格局，提供企業更新生命的新能量。

　　我很好奇的再問一句：「你怎麼和員工對話？」他說一對一、一對多的方式大家都知道，但是在一對多的方式裡，他最得意的是：

　　面對所有員工的大眾對話，除了定期告訴他們總部的績效，策略，機會和挑戰外，同時接受員工的質詢，有一次一個員工沒大沒小的在公開場合問我：總經理，你認為你去年個人的績效如何？你個人今年的 Job ＃ 1 是什麼？——哇，這是好大膽的問話，以前我的個性一定很火，但是現在我想到真誠領

導的道理，我告訴他們我能分享的，也和他們抱歉我必須保密的；事後我感覺和他們間的距離拉近了，在辦公室的走道上，他們不會故意迴避我，會和我打招呼，而且會閒聊幾句，我改變自己的態度，這個團隊的氛圍和溫度都改變了。

"昨日，今日，明日"

企業面對明天的機會和挑戰，不能只是看後照鏡開車，必須敢於面對現實，作出不同但是正確的決策，這是在組織變革裡不可不知的盲點。

有次我出差旅行，路過一間房子的大門口，裡頭的狗都在院子裡狂吠，但是卻走不出他們的大門，我心理一直納悶為什麼能訓練得如此專業？後來我在他們門口旁邊看到一個小牌子「Invisible fence（看不見的電子欄杆）」就終於明白了；我們用這個例子不是用狗來比喻人，而是要說，「我們企業裡有沒有這個看不見的柵欄？」組織裡的潛規則在遇及外部機會來臨時，第一線員工的反應會是「這在我們公司不可能？不可行？不可以？」而主動將它予以捨棄嗎？組織會因為昨日

的情境和決策而而喪失今日的機會嗎？這也是我們應變前必先
掃除的地雷。

◆ 組織裡的文化大革命

有一家企業邀請教練來幫助他們做企業轉型，特別專注在
領導力文化的轉換，我和 CEO 討論了哪些價值對他們特別重
要？他和他的高層主管給我了八個選項，我再和他們又詳細討
論每一個關鍵詞的定義和他們的期待，深入的做隨機性員工面
談，以下掃描就是一篇最終採訪報告；如果你是一個教練，你
覺得下一步該怎麼做？

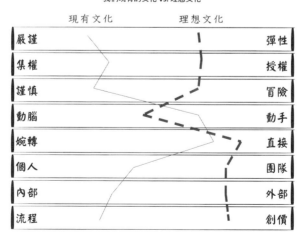

企業文化掃描
我們現有的文化 vs. 理想文化

◆ 一個挑戰：企業的年度計劃（SLRP: Strategic Long Range Planning）

　　每家企業定期都會有新目標，特別在歲末年初時，對於有挑戰性的目標，它就必須有改變才能達成，你能靠管理機制來期待達成新目標嗎？還是改變組織的氛圍和機制來達成目標？我們有句老話說，「只有愚昧人才會期待同樣的投入會有不同的產出」，以下圖表是我為一家企業新年度計劃的教練式思路和架構，這是兩天的工作坊，將各元素能有效的理順並找出著力點，這都是依據本書的精神發展而來，希望對你有參考價值。

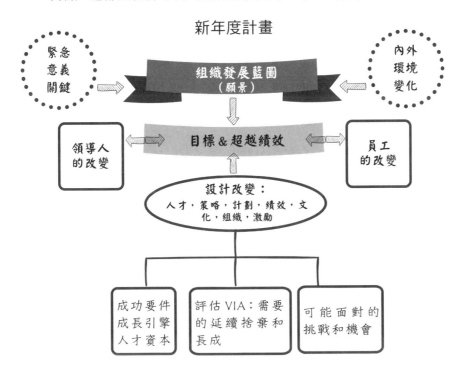

◆ 組織改變的關鍵力：總結

到了本章的結尾，我們再來反思「什麼是組織改變的重要元素？」

- **啟心動念**：需要一個活性健康的組織，能感受到外來的變化，感受到自己改變的需要和急迫。
- **落地領導**：一個成功的領導人在領導團隊以先，必須能先能領導自己；有開放的心胸來傾聽接納，並開放參與，願意努力移除組織發展的障礙，願意捨得，他也要能「沉得下去，浮得上來」，在這些小黑點還沒有爆發出來前能及時採取團隊行動；能說到做到，贏得尊敬和信任。
- **核心團隊**：每一個變革專案都需要一個高階主管做計劃主持人，這是關鍵。
- **大破大立**：能開啟團隊對話和參與，敢於大破也能大立，找出下一個企業的機會和願景。
- **創造急迫性**：急迫性是開展改變動力和動能的鑰匙。
- **合作共創**：善用「團隊對話和參與（PE）」的價值，合力共創。
- **能持續**：這是最困難，但也才是改變的真實目的。

RAA 時間：反思，轉化，行動

主管主要責任之一就是領導改變，請問做主管的你：

- 你現在手上有多少屬於變革的專案正在進行呢？

- 你能描述一下這些專案是在哪一個發展階段呢？

5 章

組織變革：是誰扼殺了改變

團隊改變的成功起始於領導人的自我改變
A team victory starts from leader's personal victory.

" 一個年度的開始 "

　　每一年的年初，我會有一段的反思和前瞻的時間並作記錄，這次寫下來的關鍵詞是「為什麼去年有些計劃知道想做，但是做不到？」是誰殺死了改變？我個人的反思結論是缺少「Big.Mo：Motive, Momentum, Movement（動機，動力，行動）」需要「Resist, Remove, Restore（抵擋誘惑，挪開阻撓，恢復初心）」的功夫。

　　依據統計，在組織裡約有 70％的新啟動專案最後失敗，你能想像是什麼原因嗎？我們可以列出一籮筐的原因：「大家都忙，這事重要但是不急，暫時擺一擺再說；我不知該做什麼？我不會做；這與我無關，不是我該做的事；我不相信這是玩真的；我不相信我們可以做到；老將們心理還在納悶，東西沒有壞為什麼要修理；這個改變對我有好處嗎；造成對於我的傷害或是犧牲會有多少？值得嗎？」

　　有一個我認識的老闆每一次出差回來都會和他的員工說「我有一個新的點子…」，他說話時口沫橫飛很是興奮，他的員工的反應呢？暫停一下我們正在做的事，隔幾天再看看老闆是玩真的嗎？不要做白工了；我有機會問這位老闆「你是說真的嗎？」，他好驚嚇的說「我只是在分享我的所見所聞呀」，

他不知道老闆的每一句話都是命令，如果沒有說清楚，員工甚至會往負面的方向想，造成許多組織的資源浪費。這個案例對你還熟悉嗎？這是一般在組織裡常會發生的事，更不要說「換軌」的專案了，可能面對的困擾會更多，如何對症下藥呢？

有一次越洋出差旅行，坐在飛機上的時間太長，可能坐姿不對，回到家來背痛得不得了，連襪子都還要靠太太穿，急忙看醫生，「醫生，我這裡痛」，他看了看，教了我一套復健運動，沒有特別針對我的痛點說什麼；但是一個禮拜不斷的做，果然痊癒了；人的病痛只是一個徵兆，真正的問題不一定在那痛點，組織的困境也不是如此嗎？

" 是誰扼殺了改變 "

組織在變革的過程中，難免會面對許多的困難和阻撓，甚至會半途而廢，會是什麼原因殺死了改變？它不一定是在那痛點，它還有更深是理由，這才是病因，我們也開玩笑的說「不要殺死郵差」(傳遞消息的人)，我們需要能察覺能做更深入的探討，是什麼阻擋了我的改變？

在還沒開始進入正題以前，我們先做個自我反思，先來問問自己，我個人或是組織有過改變的計畫嗎？我能舉出一個成

功和失敗的案例，為什麼成功，為什麼失敗？若你是個主管，我是個改變的貢獻者還是阻撓者？

◆ **抵擋誘惑，挪開阻撓，恢復初心**

我們曾提到過改變的六個關鍵流程：

- Learn to change 1.（覺察改變）
- Learn to change 2.（學習改變），
- Being the change（自我改變），
- Design to change（設計改變），
- Lead to change（帶領改變），
- Sustain the change（持續改變）。

我們就從這些主題反思如何移開阻撓並回復原來的計畫。

RAA 時間：反思，轉化，行動

- 我個人或是組織有過改變的計劃嗎？各舉出一個成功和失敗的案例，為什麼成功，為什麼失敗？
- 做為一個領導人，我是個貢獻者，還是阻撓者？

" 1. 覺察改變 (Learn to change #1)"

　　這個題目一是「感知和覺察」，另一個是「學習和成長」，我們就這兩個面向來深入探討。

　　我們生活在一個缺乏察覺和感知的社會，我們會盲目的追隨潮流，我們也都很忙很專注在我們自己的少數或是唯一的目標上，這是好的自我管理，但是對於自己生命的經營或是領導人對組織的經營，如果對外在的變化完全沒有感知能力或是對外在資訊的誤判可能同時也面對高度的風險。

　　有些事的改變也讓我們自己沒有察覺，因為這是社會的一般價值，我們不就是這樣走過來的嗎？舉幾個例子來說，一個傑出的業務人員被提升為業務主管，一個好的老師被提升為校長，一個好醫生成為醫院的院長；一個傑出的技術部門主管被提升為事業單位主管，這兩個都是截然不同的職務，所需的專長和所負的責任都不一樣，可是我們都沒有覺察；員工的外派和組織的外包也是靜悄悄的發生了，主管們也不管員工們的感受；再回來到我們自己身上，昨天單身很獨立，今天結婚了要學習互相合作依靠；昨天是爸媽的孩子，今天開始是孩子的爸媽；我們有察覺並事先預備做好改變了嗎？

◆ 覺察的誤判

1941 年 12 月 7 日，一群日本戰鬥機由航空母艦起飛，直奔夏威夷珍珠港的美國海軍基地，還距離 50 分鐘航程時，一位美國的雷達兵在銀幕上看到了許多的小黑點，他馬上向他的主管報告，這個年輕軍官沒有仔細研判資料就立刻判斷說「不必擔心」，然後悲劇就發生了，美軍死傷無數，也逼得使美國進入戰爭，當時的美國總統羅斯福說「這是我們蒙羞的日子」。

在組織裡，有些主管們很努力的使用「公眾參與」的方式，邀請員工參與討論，但是還是會有許多的人沒有感動，還是你說你的我做我的，除了是來上班賺錢的心態之外，最大的阻撓來自於員工的「心思意念」，許多的員工可能是這麼想的：

- 我知道老闆們在說什麼，但是這件事與我無關，沒有感動，
- 我不相信他們是玩真的，明天還會改，
- 我不相信我們做得到這個目標，
- 東西沒有壞，為什麼要修理？我們不是生活得很好嗎？
- 我不知道我該做什麼？
- 做了這件事對我有什麼好處？

- 我會有犧牲，這我得想想，這值得嗎？
- 可能還有其他的考量因素，如果員工有這些疑慮，改變可能發生嗎？

◆ 員工的投入度 (Employee Engagement)

員工的心情是「不可能，不相干，不相信，擔心害怕，沒有能力參與改變」，他們明顯的態度是「逃避，疏離，抗拒」可是主管們沒有察覺。

這裡涉及的是員工投入度和參與感的挑戰，每一個人心中最關心的是「自己內心的需求」，當組織的需求和個人的需求能合一時，這是最佳的契合，這也是主管們的努力重點。

我們經常看到主管在不同的場合就是唱同一首歌，這是對的，只是還要再晉升到另一個階層「要能感動人」，因為員工在心裡想的

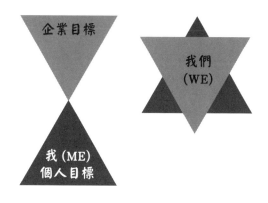

員工的投入度
Employee Engagement

是：這個改變的願景和我個人相關嗎？這個激勵和我所附上的代價對我有吸引力嗎？這個激勵對我有價值嗎？對於我，它急迫嗎？它值得我冒這個風險嗎？由對我（ME）自己的關係轉化到對團隊（WE）的關心，是重要的改變指標。

◆ 領導力黃金法則

改變的黃金法則是「Why-How-What」，這是「是什麼？為什麼？有什麼選擇？該做什麼？憑什麼？」的一貫思路，在每一次的改變過程中，過去以管理為主軸的企業常會用下命令的方式就期待有改變發生，這在今日的社會裡是不太可能的事，特別針對年輕人；我們每一個人心中都有許多的基本價值，比如：被尊重，被接納，有空間做選擇，有成長，對我個人有意義，這是人性；由上而下命令式的指揮基本上是違反這些人性，這就會造成阻力；人們會抗拒權位，會變成被動成為組織的負擔，不願意參與……等；我們要如何排除這些阻力呢？

在面對員工的公眾對話裡，不再是宣導，而是在內容裡強化「Why-How-What」，這三個元素是領導力的黃金法則：

「Why」是為什麼我們需要改變？我們的新目標是什麼？這是燃起改變動機和動能的重要關鍵，我們在「改變的七個關鍵因素」裡已經有詳細的陳述；

領導力的黃金法則

其次，「How」是我們如何達成目標，怎麼做才有效，有哪些選擇？是「精進」型還是「換軌」型改變？「GROWS2.0」就是最佳的工具。

最後一個挑戰才是「What」：**我們該做什麼？怎麼做？**這不是一個單一由上到下的命令，而是雙向互動溝通合力共創的流程，找出最關鍵的「著力點」，組織裡常用的「**目標管理**」或是「**流程管理**」都是非常實用而有效的工具。

這是展現「領導風範」的關鍵時刻，如何透過你的動機行為語言和訊息來「感動，吸引，影響」員工，由「要我做」轉化為「我要做」的力量。

RAA 時間：反思，轉化，行動

- 你有感受到自己有什麼地方需要改變嗎，像行為、思想、能力……等？
- 你願意從上題的答案中，找出一個主題來著力嗎？

" 2. 學習改變 (Learn to change #2) : 學什麼？ "

◆ 學習勇敢的走出去

許多人抗拒改變最大的原因是「恐懼」或是「沒有動機和動力」；這些根源來自「心思意念」；當我們有覺察之後，就是學習如何來面對它。

我們曾說過，恐懼（FEAR）可能是「Forget Everything And Run（不管三七二十一，跑了再說）」或是「Face Everything And Rise（勇敢面對，奮興再起）」；這是一念之轉；其次最大的敵人是沒有動機，沒有動力和行動，老是在想，在原地打轉，不敢走出去；還有許多人不斷的在尋求「最佳的解決方案」，而不是尋求「最合適的解決方案」，到處尋求名師找最好的顧問，就在臨門一腳自己卻踏不出去。在這個多變多元的環境裡，「打帶跑的學習力和應變力」是最需要成長的能力。

◆ 學習相信自己

每一個成熟的人都有一些基本的能力，在面對改變時，可能先會有點驚慌，但是在安靜時，他可以察覺自己有幾個已經具備的能力，我們來看一個圖表：在沒有任何事發生時，我們是

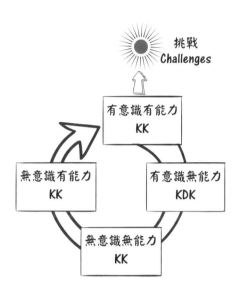

在「**無意識無能力**（DKDK: I Don't Know what I Don't Know）」的狀態，可是面對挑戰時，會面對的是「**有意識沒能力**（KDK: I Know what I Don't Know）」和「**無意識有能力**（DKK: I Don't know what I Know）」的兩個層級，如何透過「培育，學習，導師，教練」各種可能的方法，來達成「**有意識有能力**（KK: I Know what I Know）」的階段，這要靠自己去覺察在新環境需要具備的新能力，組織能及時提供協助，這將加速組織的改變成功，及時將心中的阻撓移去，重新恢復自己的信心和原來對計劃的動機和動力；敢於由「我應

該」轉變成為「我願意」的積極態度。

◆ 價值啟動：環境和氛圍決定員工的行為

　　學習的主要目的是面對和克服新的挑戰，順利達成願景，在組織裡領導人無法單獨成事，他的成功仰賴於員工的共同投入 (Employee engagement)，這需要以組織文化作為基礎，並且和人性基本面緊緊接軌，由「要我做」轉化為「我要做」。

　　我們在前面談到價值飛輪 (VIA: Value-in-Action) 它所強調的就是在改變過程中讓相關的員工及早參與對組織文化更新的對話：

* 轉化和強化的元素
* 放下和捨棄的元素，
* 學習和創造的元素

　　面對新的機會和挑戰，我們如何有效的覺察到那些需要「轉化或是強化」？那些需要「放下或是捨棄」？那些需要「再學習或是自己創造」？這都需要深度的覺察和學習能力。

　　我常問許多的主管，當你要搬家時，如果有些東西帶不走，你如何取捨？哪些必須放下或是捨棄？哪些必須要好好包裝不

受傷害？答案都是非常的接近，必須帶走的是和你有生命情感連結的物品，它可能是一個禮物或是紀念品；有一家名牌手鍊專賣店（Pandora）成功的秘訣是讓客人選擇它的手鍊珠子，讓客人將自己的生命故事和他們所選擇珠子的故事意象化，讓他們產生情感連結，對客人來說，這個完成品無價。

組織文化也是如此，邀請員工定期的參與檢討更新，建造一個正向積極的環境氛圍，這是組織改變的重要基礎。

RAA 時間：反思，轉化，行動

- 針對你所選定的改變課題，你會透過何種方式來著手改變？

" 3. 自我改變 (Being the change)"

我相信大家都會同意「團隊改變的成功起始於領導人的自我改變」這個道理，但是實際上做起來，老闆們可能會說「我花錢請你來是幫助我的團隊改變，你怎麼箭頭一開始就指向我呢？我有錯嗎？」如果你是外部的教練，你接下來會怎麼做

呢？這是一個修改後的教練案例：

> 王董，
>
> 感謝你的熱情接待，也感謝你讓我在你身邊有幾次的學習和體驗的機會，你真是性情中人，也有一個優秀溫暖的團隊，作為一個外部教練，聽你說到「我事業在行業裡還算成功，為什麼我自己還是這麼辛苦？」我的感觸很深，我想利用這個機會反饋給你一些個人的的觀察和看法。
>
> A. 你的優點之一是熱心於自己的事和眾人的事，沒有個人的私慾和企圖心：
>
> 這是「使命感」，以前你的企業規模不大時，讓你游刃有餘，可以付出時間參與外部的事，如今組織變大了，是否你需要重新考慮調整你的個人的優先次序？那些事對你重要？那些可以讓新人出頭，你慢慢授權？
>
> B. 自我修煉：
>
> 能在不同的場域帶動「反思學習」的氛圍，再加點幽默感少用權威，多傾聽提問對話，「你的想法呢？」「我們該怎麼做？」，「這次我們學習到什麼？」，「下一次我們會有什麼不同更棒的做法？」，「這件事，誰願意帶頭？」提出新的

挑戰或是專案，讓「自燃人」參與，主管成為他們的導師，創造團隊活力的氛圍。

C. 開啟一場對話：

你的動機是良善的，但是還是指示的為多，如何慢下來願意傾聽，理解他們做了些什麼？理解為什麼他們這麼想？最後如果真必要才給予你個人的看法，之後不要忘記再說一句「這事還是由你來做負責，你會如何做決定？」多提問一些有深度和高度的問題，甚至挑戰性的問題。

D. 優雅的轉身：

你將員工當家人看待，我也感受到你的真誠，在這個基礎上還有一件事更重要，就是組織文化和領導轉型，由過去你說了（才）算和指導式的經營，轉化為「合力共創」的團隊，這需要你親自來帶頭；「將自己做得不重要，讓員工變得重要」，你認同這個理念嗎？你願意一起來努力嗎？

當你首先開始轉身來帶動這場「寧靜革命」，也同時告訴你身邊的主管們，「我在這些事上要開始轉變，請你們幫助我」，改變的課題不需要大，而是你能做到的開始，當你開始謙卑，願意展示你的脆弱時，你會贏得他們的尊敬，組織的改變就開始了，我相信你的主管們會馬上跟上來的；你認同這些

看法嗎？祝福你和你的團隊。

陳教練

你願意猜猜這封信的結果嗎？一年後還是沒有回應，我們都認同「失敗為成功之母」，但是「成功為失敗之母」在許多的案例也是真的。轉變不能只靠自己的動機和意願，它還需要外部的「壓力」才能轉動這個飛輪。

◆ 轉變的關鍵時刻

航空器飛翔的基本知識是逆風才能高飛；一個海上風帆的玩家朋友告訴我，風帆最佳的行進路線是衝著風成鋸齒狀的前進，在關鍵時刻如何轉折才能找到動力，飛躍向前，也唯有經歷過才知道它的價值；我們的生命不也是如此嗎？

一個人的生命的圓滿不是特別在乎你在順境的表現，而是在「關鍵時刻」你如何做轉進？當前面門關著的時候，不是沒有路而是該轉彎了；一個組織更是如此，在面對關鍵時刻如何做改變，及時換軌或是採取精進策略。

◆ 說到做到

一個人的能力可以幫助你邁向巔峰，但是唯有品格才能幫

助你屹立不搖，說到做到是建立個人品格和信譽的重要基石。

在組織裡，改變的動力不是來自主管平常怎麼說，而是在關鍵時刻主管怎麼做？好的行為或是好的決策會贏得員工的尊敬，這是領導力的基礎。

在關鍵時刻，主管除了敢於做出對的決策外，更重要的是他願意承擔他的角色和責任，透過員工參與，合力共創的互相支持陪伴的走過轉型路。

◆ 領導人的新角色

在「大破大立—換軌」的改變流程，領導人的角色是：啟動者（Catalyst），設計者（Designer），激勵者（Motivator），創業者（Entrepreneur）；但是在「寧靜革命—精進」的改變流程裡，領導人的角色則是：整合者（Integrator），開展者（Developer），組織者（Organizer），創新者（Innovator）；領導人如何能透過員工參與來建立共識，目標和計劃，啟動第一個試點行動，這是非常的關鍵。

在改變過程中，領導人願意打第一仗開第一槍，以身作則，在錯誤中學習，這代表「承諾」和「體驗」，展現領導人的「勇氣，謙卑，紀律和敢於承認自己的脆弱」的領導力典範；在這個轉化過程中，不要忘記告訴你身邊的人「領導力建設中」，甚至

掛出這個招牌,以謙卑的態度告訴他們「我在改變中,請你們協助我」,這更能強化你的領導力建設,贏得更多的尊重,更能發揮漣漪效應,擴大影響力,否則他們會被嚇一跳或是懷疑你所說的。領導者的最重要責任之一是敢於「突破現狀」,否則他還是管理者。他是「Let's go」而不是「Go! Go! Go!」的人。

" 4. 設計改變 (Design to change) "

改變不會自然發生,它需要付上代價和努力,特別需要領

RAA 時間:反思,轉化,行動

- 身為領導人的你,在關鍵時刻有及時啟動改變嗎?
- 我有承擔我的責任嗎?
- 我有先做自我改變嗎?

導人的悉心經營；我們來檢視幾個領導人需要專注的課題，讓改變的發生能更順利。

◆ 建立組織疆界

每一個組織都有它的特色，領導人最重要的責任之一就是建立組織疆界：我們是誰？做什麼，不做什麼？要往哪裡去？……。

在這疆界內才會有高度信任的員工和團隊，大家可以自由飛翔的分享創意和創新，活力十足；相

對的，沒有清楚疆界的組織，員工就會猶豫，擔心，不安全，懷疑和不信任，這是一個酸性的文化氛圍。

◆ 環境改變行為

環境會改變一個人的外在行為，在組織裡更是如此，塑造一個「合適」的環境氛圍，才能吸引「對的人」上車，這是領導人的關鍵職能之一。那如何做呢？組織疆界裡的每一個元素都會影響人們的行為，我們來看幾個對績效評估方式的改變如何影響人們做事的行為案例。

第一個案例：

早期英國將澳洲變成殖民地之後，因為那兒地廣人稀，尚未開發，英政府就鼓勵國民移民到澳洲，可是當時澳洲非常落後，沒有人願意去。英國政府就想出一個辦法，把罪犯送到澳洲去。這樣一方面解決了英國本土監獄人滿為患的問題，另一方面也解決了澳洲的勞動力問題，還有一條，他們以為把壞傢伙們都送走了，英國就會變得更美好了。

英國政府雇傭私人船隻運送犯人，按照裝船的人數付費，多運多賺錢。很快政府發現這樣做有很大的弊端，就是罪犯的死亡率非常之高，平均超過了百分之十，最嚴重的一艘船死亡率達到了驚人的百分之三十七。政府官員絞盡腦汁想降低罪犯運輸過程中的死亡率，包括派官員上船監督，限制裝船數量等等，卻都實施不下去。

最後，他們終於找到了一勞永逸的辦法，就是將付款方式變換了一下：由根據上船的人數付費改為根據下船的人數付費。船東只有將活著送達澳洲能賺到運送費用。

新政策一出爐，罪犯死亡率立竿見影地降到了百分之一左右，甚至後來船東為了提高生存率還在船上配備了醫生。

第二個案例：

　　某日本高級酒店，檢測客房抽水馬桶是否清潔的標準是：由清潔工自己從馬桶中舀一杯水喝一口。可以想像，這樣的馬桶會乾淨到什麼程度。

　　一個好的制度可以使人的壞念頭受到抑制，而壞的制度會讓人的好願望四處碰壁。

◆ 價值啟動 (VIA)：除舊佈新，開啟組織新文化

　　那些需要延續和強化，那些需要被放下或是拋棄，那些需要新的學習和成長？這些的決策都需要高級主管的參與和決定才能成為新文化，組織裡的新 OS（作業系統）。

　　每一個組織裡頭會隱藏著許多的潛規則，許多不見天日在幾年前幾十年前的 SOP，或是老闆的一個規定，在經濟蕭條或是生意火旺的時候所訂定的規矩，但是時間慢慢過了就沒有人再重視，但是在關鍵時刻它可能會再浮現出來，它可能是救生圈，也可能是個大災難。

◆ 新官上任三把火：除舊佈新

　　許多空降來的高層主管一就任就開始搧風點火，到底這三把火，怎麼用怎麼燒才有效？「第一把火」是點亮團隊未來的道路和機會：有人說它是使命和願景，這是吸引人才的引擎之

一，先找到對的人上車，再來點亮舞台，讓人才盡情揮灑。「第二把火」是點亮團隊成員的優勢和熱情：讓員工看到自己的優勢和在組織裡的價值，也幫他們找到自己的著力點，這是自我成就動機的源頭。

「最後一把火」要燒掉那些過時的 SOP（制式流程），舊策略，舊規矩和潛規則，大破大立，重建團隊新文化，讓員工看到希望看到光！

◆ 員工參與的實踐（PE）

面對新世代的員工，領導者有努力建設一個開放的環境和氛圍，讓他們能開放的參與，討論，貢獻嗎？

我在「精進」的寧靜革命裡分享了許多的案例，包含 P&G 的與顧客共舞的創新，三創型企業的幾種可能做法，這都是現代企業可以強化組織領導力和應變力的傑出模式。

我遇見一個空降總經理到任已經近一年了，他告訴我最令他不安的是「每一個決策，他的主管都會問：你問過老闆了沒？」在創辦人在再世的時候，這些文化還是會存在，除非創辦人在公開的場合宣告予以完全的授權，並經歷過幾次的歷練和驗證，員工才會對新人予以信任，也唯有如此組織的轉型才可能發生。

◆「人才資本」發展的設計

這是許多高階主管的口頭禪，「人才是組織最重要的資本」，但是看每一年的人才發展投資，包含高階主管時間的投入和資金的投入，還是沒有變化，衡量指標還是每一個人上幾個小時的課程，費用又是多少？沒有一個先進的人才培育系統，還是專注在知識型的教導，沒有看到每一個人不同的需要，沒有看到每一個人的優勢，更沒有理解每一個人對自己對未來的規劃和對組織的期待，組織沒有能力或是沒有企圖心將每一個員工的個人需求和組織未來發展對人才的需求做深度的鏈接，只停留在淺層的信任關係；員工來公司上班的心態也只是來「就業」或是找一個「職業」，而沒有「事業發展」的企圖心或是承諾，他們將成為組織改變的負擔；如何找到對的人上車，又如何培育和激勵他們？這些理論說來簡單，但是能做好做得有自己的特色不容易，翻轉的責任鑰匙在於組織的領導人身上；能讓員工感受到改變就是希望和機會，而不是壓力和威脅。

◆ 組織內部「瀑布式的溝通」

不再只有變革領導者由上而下不斷的宣達，最有效的方法是經由各級主管透過對話親自的溝通，多傾聽而非馬上解決

問題，在改變的過程可能會有對員工感覺混亂的情境，這對話裡會有更接地的案例互動，更有主管個人的參與負責精神，主管直接面對每一個員工，他們的言談和行為最能取得員工的信賴。

◆ 配套措施

在改變前最主要的阻力來自員工內心裡的不安全感，「在改變後，我還有工作嗎？」「我能勝任嗎？」如何在改變前能針對可能的「變和不變」做充分的溝通，提出公司的原則性的承諾並邀請員工的參與；如果涉及到組織的轉型，如何建立一個培育機制，讓「自燃人，易燃人」能順利的搭上這改變的列車，參與改變。

◆ 組織改變的反饋機制

以上是個人改變的反饋機制，在組織的變革裡，同樣的也需要一個這樣的回饋機制，鼓勵參與的人能及時的提出正面的反饋，特別是任務的主要負責人或是變革最前線的人員；一個成功的變革領導人會在每個重要的單位裡，訓練幾個變革觀察員，留意在每一個「關鍵點」的風險，建立一個有「顏色管理」的內部分享平台，有一家企業使用「紅，黃，藍」來代表不同的警示；待有經驗後，改變領導人只要定期觀察這些紅黃點就

好，這可以使改變管理更順暢。

◆ 多元文化的磨合：認同，不同

　　一位國際企業的CDO（多元文化長）也是我的美國教練朋友曾告訴我：「多元文化是今日企業最具潛力的資源」；IBM在1990年代中期在企業內設計了八個跨文化的特殊工作小組，以性別，種族，性向，教育…等分組，討論的主題是「如何在多元文化的團隊裡提高生產力？面對這些多元文化的客戶市場，我們如何開展市場會更有效？」這是在教室外的另一堂利基市場（niche market）課，後來績效卓著。

　　百事可樂也採取類似的行動，建立一個特殊社群 PAN（Pepsico Asian Network），將員工和商業夥伴連結，定義出產品口味，市場營銷的策略…等；在企業內，好的領導人常常會自傲的述說「Open door policy」：歡迎員工隨時有事進門找他談，可是當問他們效果如何？事實是許多員工選擇沉默，為什麼呢？許多企業懂得如何讓那（看得見的）高牆倒下，但是卻少有企業懂得如何讓那看不見的（心理）高牆倒下，什麼是看不見的高牆？這就是「心理鴻溝」，包含權力階梯，文化，性別，種族，代溝，宗教，教育，年紀，經驗，個性……等。

　　教練常在談「同理心」，要站在對方的立場來思考，只是

站在他人面前，我們真正理解對方嗎？要由哪個角度來同理？
況且我們常用行為來觀察他人，但是卻用動機來審查自己，我
們都有盲點，我們用不同的鏡頭來看自己和觀察他人；同理是
建立人際關係的基礎，更是建造合力共創活力團隊的基石，想
對此著力的新世代領導人必備的能力和共通特徵有：

- 調適自己後，才展現自己的優勢風格。
- 對模糊和複雜的情境能自在的相處。
- 無條件的正面關懷。
- 願意跨越權力鴻溝。
- 敢於展示自己的脆弱。

◆ Job ＃ 1 第一優先任務

以上所談的偏向組織的運作改變，是慢火溫火，如何建造
一個改變的「快速通道」？「Job ＃ 1 第一優先任務」是個典範
案例，在許多的企業已經行之有年，它設定一個企業上下齊一
的共同的提升目標，它可以是硬實力的加速賽跑，比如說數字
化的學習，社群網站的經營能力，創新產品的營業額比例 ... 等；
它也可以是軟實力，比如說人才培育制度的建立，新績效評估
系統的導入，導師制度的實施，中高階主管成為導師的人數和

能力，教練制度的引進⋯等；讓絕大部分的員工都有機會參與，同時也建立一套「配套措施」，支持員工的能力成長和參與度，同時也有一套衡量和激勵的機制，定期的（最好不超過三個月）提供激勵；更新年中和年終的績效評估制度，將這些新元素做整合性評估。

◆ 設計改變的最後一堂課：移除多元文化下溝通的壁壘

以前外商的員工資格的第一要件是「會說英語」，其他能力還算是次要；但是在最近幾年我看到改變了，外企將「能力」擺在第一，語文還是次要。

有次我參加一個在台灣的外企高階主管會議，一位來自海外的主管也參與這個會議，他請大家用中文發言，他自己請了一位本地的翻譯，他不再發號施令做指導，而是參與，會後我問他為什麼有這麼大的改變，他的答案很簡單：「我們請這些員工是為了服務本地客戶而不是服務我，來台灣或是中國不懂中文這是我的問題，我自己來解決，我們共同的目標只有一個，那就是服務我們的客人。」

這樣的工作氛圍更友善了，員工更容易投入他們所專長的工作，幸福感也快速在滋長。

RAA 時間：反思，轉化，行動

- 身為領導人，我有用心設計正向積極的環境氛圍，以達成改變的目的嗎？

"5. 帶領改變（Lead to change）"

在改變的過程中，領導人必須帶頭「打第一仗，開第一槍」，這也是改變領導人的角色和責任之一，做個「Let's go」的實踐者；改變是一場的冒險，主管帶頭打第一仗開第一槍所代表的意義非常重要：

- 它代表一個承諾：一條不再回頭的路。
- 它是團隊的學習：在攻占第一個灘頭堡時，有太多的不確定性和風險，會有損傷會附上代價；當領導人站在第一線，他有足夠的資源來及時應變，再回頭來做「設計改變」時，它會更務實。

- 它是授權的基礎：充份的授予權力和責任，並建立期望；唯有經歷過的人，才有能力設定挑戰性的目標，協力達成。
- 它是合力共創的基礎：在經歷過第一仗之後，主管要退後到第二線來，作支持給資源，也唯有經歷過的人，才能扮演好這個角色；也才能有安全感的給予開放平台，讓員工發揮，好好做個支持者和共創者。
- 追蹤績效：在執行的過程中必須有績效評估，這是激勵的基礎，也才能在組織裡分出好蘋果與爛蘋果。

我對看牙醫的經驗印象深刻，每次要打麻醉藥時，醫生都會先說「會有點疼」，我會接著說「沒關係」，這樣在打針的時候就不再疼了；變革也是如此，在「設計改變」階段我們強調溝通對話，在這個階段開始進入執行階段，它不是一次到位，而是階段性的改變，好似郵輪進入高地；有次我乘坐郵輪通過巴拿馬運河，整艘大船一步步的透過水砸門好幾次階段性的充水，才將船身提高到最後的高地湖泊；組織變革也是如此。

在經歷改變的過程中，領導人要能時時開啟自己的「五感」：傾聽，多問，近距離的看，和員工客戶第一線的接觸，感受到團隊的氛圍，要能順利達標，還需要有勇氣再走一哩路：

- 敢於鼓勵員工向自己所設計的現況挑戰：常常問「我們還可以有不同的做法嗎？」
- 由不同的角度來觀察自己和團隊的表現：有空到前線聽聽客戶的聲音，偶爾親自在線上當個「客戶服務專員」，聽聽客戶的聲音。
- 多問問題，多傾聽，多說「謝謝」，少解釋理由。
- 不要面對問題就直接給答案。

　　一個好的船員可以在順境時容易的駕駛一條船向前航行，但是唯有有經驗的船長才能幫助這條船走過暴風雨安全的抵達目標；主管就是組織的船長，如何在順境時能放手時培育幹部，在逆境時領導帶引邁向目標，完成使命。

" 6. 再下來呢？ 持續改變 (Sustain the change) "

RAA 時間：反思，轉化，行動

- 在改變專案的執行過程中，身為一個領導人，你站在哪裡？又做了些什麼？

「失敗為成功之母」我們都認同，相反的「成功為失敗之母」在組織發展史上也是真理，不可不慎；組織在經歷改變後，最大的挑戰是「達成了目標後，除了慶祝，我們還應該做什麼？」就如管理大師柯林斯（Jim Collins）曾提到傑出企業衰敗的一些徵兆：

- 太過自負於往日的輝煌
- 沒有企圖心再創高峰
- 貪圖安逸，不再冒風險
- 太大，太老，太成功

有一個球隊過去的成績一直不是特別的亮麗，所以這次參與比賽，他們的目標是打進前四強就算是成功了；慢慢的打進前八強，出乎意料的打進前四強，大家欣喜若狂，當天晚上有一個大大的慶功宴；本來外人看好他們能拿到本屆的冠軍，但是他們滿足於目前的成就，這也是事先設定的目標，最後無功而返，只拿到第二名。

身為一個領導人，你是否有過這樣的經驗？當團隊達成自己預先設定的目標時，就慢下來，甚至於停下來？這是另一個關鍵點，能否持續建立組織內的張力，引導組織繼續向前邁進，

你是哪一種的領導人呢？

- 你可以選擇讓你的團隊享受戰果，而停下來。
- 你也可以使用「寧靜革命」的精進策略，再往前邁進；每年 Job # 1 的案例是個典範。
- 你更可以再設定一個更高的目標，再啟動一個「換軌」的改變行程。

◆「三創平台」的案例

　　有一家組織有一個「三創平台：創意，創新，創業」，基於大家所熟知的「80／20」遊戲規則，員工每天可以自由到這個「三創社群」逛逛，看看有什麼新的點子；也許別人的一個想法讓你金星直冒，讓你有一個創新的設計想法，這類故事每天就這樣發生著，對某些主題有共同興趣的人自然會聚在一起，再開啟另一個附屬社群做深入研究，在「自主，成長，有意義」的環境和氛圍下，這股創新洪流不斷的在滋長，生生不息。

　　有人說「滾石不生苔」，如何在組織裡不斷的創造改變的主題和氛圍，這是組織生命力的泉源，讓員工能參與，著力和貢獻，這是員工投入的機會和平台，是員工成就感的來源，更是組織成長的契機。

◆ **組織變革的檢查表**

1. 你有為這次的變革建立一個疆界嗎？改變什麼？不改變什麼？和哪些部門有關？我們的願景和目標是什麼？時間點呢？又如何評估？

2. 針對為什麼要改變有清楚的溝通嗎？有說服力和吸引力嗎？

3. 這個變革和現有文化連結嗎？有衝突嗎？可行嗎？

4. 主導這次改變的領導人是否廣被尊重？言行是否一致？

5. 組織內相關的部門和各階層是否也主動起來了？還是

被動？

6. 對員工的影響如何？領導人有坦誠的邀請員工參與嗎？員工參與的行動計劃清晰嗎？

7. 有哪些可能的阻力？有配套措施來排除嗎？特別是員工能力的培育。

8. 這變革會影響組織現有的績效嗎？如何處理？

9. 有績效指標和顏色警示系統嗎？

10. 有回饋系統嗎？能及時修正錯誤嗎？

" 幸島的一百隻猴子：可能對改變的的干擾 "

最後，我來轉載一個小故事，這是幾十年前轟動全球的故事：「幸島的一百隻猴子」。

在日本宮崎縣海濱有座半徑約兩公里、遺世獨立的迷你島嶼「幸島」（Koshima），幸島上有著一小群日本猿猴與一條快要乾枯的小溪。

在60年前，日本京都大學靈長類研究所的研究人員來到了幸島，並且在幸島的沙灘上留下一些蕃薯給猴子吃。起初，幸島上的猴子在吃蕃薯之前會用手來拍落蕃薯上頭的沙。不過某一天，一隻1歲半的聰明小猴子突然發現可以用清澈的溪水來

洗淨蕃薯上的沙子，沒想到其他猴子也很快學會這招，於是幸島上的 85% 猴子都開始改用溪水來洗淨蕃薯，唯獨 12 歲以上的老猴子完全不受影響！

後來幸島唯一的那條小溪乾枯了，於是又有猴子帶頭用海水來洗淨蕃薯，接著幸島上的猴子又全部學會這招。

日本經營顧問船井幸雄，就提出以下觀點：「任何新觀念的推廣，起初只要有 7% 至 11% 的人願意接受與認同，就會有驚人的進展！如果我們想創造一個好的團隊文化，務必從自身做起，因為冥冥之中有股看不到的波動力量在運作，等到臨界點來臨，文化就會產生質變，產生出您意想不到的奇蹟！」；「整體文化的變遷往往始於個體行為的變化」，這觀念提醒我們千萬不要小看自己，不要認為自己的影響力微乎其微！我們一定得用正向積極的角度來思考，以自己的力量來創造更好的文化，因為每個人都擁有對他人產生影響、改變世界的潛能。或許一個人的力量非常有限，但是請務必相信心的力量是無限！

不過在「幸島的一百隻猴子」的故事裡頭卻有一個小遺憾，儘管幸島上那隻 1 歲半的聰明小猴子可以影響其他的猴子，但是牠卻始終無法影響到島上僅占 15% 的公猿猴，因為這些公猿猴自始至終也不願意學習用水洗蕃薯的新觀念，絲毫沒有產生共鳴，也無法接受新事物的波動。

幸島上那群僅佔 15％的公猿猴，有著什麼樣的特色呢？一，牠們的年齡都超過 12 歲，大概是人類年齡的 45 歲左右。二，這群公猿猴不巧都是有權有勢的領導階層。這類型公猿猴都缺乏對新事物共鳴的能力，拒絕嘗試新鮮事物，也拒絕進步，這倒是一個讓人心生警覺的不好現象。

這也讓我想到幾個人類類似的案例，我到許多企業介紹「教練型領導力」，課後許多資深副總級人物會私下對我說：「教練，你這一套很不錯，我知道這就是我們現在需要的，但是能否不要用在我的部門，我還是習慣我說了算，有不同的看法私下和我談，不要在會議裡和我唱反調」，你有這個經驗嗎？

如果你是該企業的老總，你認為該如何來翻轉呢？

RAA 時間：反思，轉化，行動

- 在組織達成目標後，除了慶祝之外，下一步你會做什麼？有案例可以分享嗎？
- 在看完〈幸島的一百隻猴子〉故事後，你有什麼感動？
- 如何面對改變的可能干擾？如何翻轉這些因素？

6章

精進：由 A 到 A+ 的組織寧靜革命

如果我是新來的 CEO，我會有什麼不同的做法？
—英特爾（Intel）前 CEO 安迪・葛洛夫

"熊來了"

　　2014 年的聖誕節假期，我們全家到美國加州的「優勝美地旅遊」，孩子們說我們來冒一次險，冬天住帳篷而不是屋子；在報到時，管理員給我們說明安全的規矩，並放了一段「熊來了」的影片，告訴我們每一個帳篷外面都有一個鐵箱子，這是存放有氣味東西的地方，包含吃的食物，水果，牙膏，肥皂，面霜⋯等，都得放進去，否則有被熊侵襲的危險。每一天晚上臨睡前氣氛有點緊張，半夜也不敢出門，怕「熊來了」，走路時有一點聲音，馬上回頭看，怕「熊來了」，這樣就在又緊張又刺激的心情下度過了三天兩夜，每天心裡想到的都是「熊來了」的那段影片，緊張又興奮，並期待有機會見到一隻安全溫馴的熊。

　　離開前，我問管理員「熊來的機會有多大？」，他告訴我「他自己也沒有見過」，就是這份的「張力」，也讓我們親自參與和體驗，好似進入實境的 4D 電影裡，讓這個旅程變得更緊張和刺激，回來已經一陣子，家人還時時和朋友們分享這段驚險的「熊來了」的經歷，大家回味無窮。

　　一個成功的組織，內部也會存有許多的張力，也許是危險

也許是機會，讓這些高階主管們能時時的清醒著。

最近有機會和一家高成長的企業老闆對話，他意氣風發，比手劃腳的談未來幾年的成長計畫，這裡要設廠那裡要設點，產品市場在行業裡所向無敵，我恭敬的聆聽著，等他說完了，我單單的問他一個問題：「你心中有擔心的事嗎？是什麼事會讓你睡不著呢？」他臉色開始往下沉，好久好久說不出話來，我感受到他心中的張力或是壓力。

在上一章，我們談組織的「換軌」變革，由 A 到 B；這一章，我們要談的是組織的「精進」變革，由 A 到 A+；不管是換軌或是精進，這份的張力都是必須的能量；組織在關鍵時刻，選擇「換軌」或是「精進」則是智慧，我們待會兒會有一些成功和失敗的案例，並沒有一套標準的規範可以依循；有些企業已經到了破產邊緣，理論上應該是馬上換軌，可是新任 CEO 卻是選擇經由「精進」的方法，讓組織再度起死回生，1993 年間的 IBM 和 2010 年的日本航空都是經典的案例，還有其他大家都是耳熟能詳的案例，我們會和大家一起由這個角度來做反思學習，我們的挑戰是你的組織有在「精進」嗎？

「換軌」有五大步驟，精進沒有步驟，但有實踐的策略和幾個關鍵的工具。

" 精進的策略：3 R"

- Remove（移開）：移除那些誘惑，雜音，阻撓，過時的制度文化，潛規則，錯誤的思想模式，老我（Ego）的個人主義，扭曲的社會價值，太過重視名利和權力…等。

- Restore（恢復）：釐清自己的定位，使命，願景，目標，文化…等，恢復真誠的自我，願意坦誠面對自己和他人的心態。

- Renewal（更新）：不斷的更新自己，堅定自己要走的道路，做一個坦誠新造的人或是組織，每日都是新的開始。

　　這使我想到米開蘭基羅有關大衛雕像所說的話，「他本來就在那裡，我只是將那些灰塵除去罷了，我並沒有創造什麼」；主管最大的價值之一就是幫助員工和組織除去心中的灰塵殘渣和陰影，恢復正向的能量，能相信希望，勇往直前，邁向組織的使命和願景。

" 精進者的工具箱 "

1. 三明治法則

「精進」要有清楚的目標，有強烈達成目標的動機，還要有不滿足於現有運作方式和強烈的渴望和動機，願意尋找新的方法來改變，並且要堅信有改變就有機會更好。

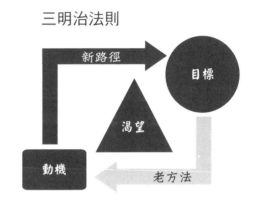

三明治法則

動機和目標是三明治的外殼，渴望是那醬汁，中間的成分就是行動的方式，它可以是魚是牛是漢堡肉，好似吃潛艇堡（Subway），對於外殼麵包多以雜糧麵包為主，但是我們可以選擇不同的內涵；對於一個高速成長的企業，我們不見得要常有「大破大立」的專案，但是企業內部「不斷的 3 R 更新」是必須的，我們說「滾石不生苔」，就是這個道理；我們常聽到的是「精益管理」就是其中一個例子，在不影響每日運作的狀態下，我們來做特定部門或是流程的精進。

2.「A」到「A+b」到「a+B」到「B」的精進流程

對於一個健康成長的組織，我們的精進流程不會是「大破大立」，因為沒有太強的急迫性，所以我們用的方法就叫「寧靜革命」，先將新的元素加進來，再給予時間成長，最後改變成為新的樣式，在每一個步驟都是低調寧靜的進行，比如說「培育接班人」，「新產品的開發和進入市場策略」，「家庭的世代交替」等。

我用一個平易「家庭的世代交替」的故事來說明這個模式，這是會發生在你家我家的故事經歷；就用家庭旅遊這件事來做比喻吧；當孩子還小時，父母當家作主，孩子沒有發言權，他們只是跟班的，這是 A 時代；慢慢孩子長大了，在學校裡認識許多好朋友，和老師同學分享許多旅遊的經歷，當下一次再有機會計劃全家旅遊時，也許父母會問一下「你們想去哪裡玩呀？」，有意見的參與，這是「PE 裡頭的參與階段」，但是還是父母做最後的決定，這是 A+b 階段；慢慢的，孩子長成到青少年，這個時候可以找他們一起討論，共同做決定，大家來分工，甚至於他們承擔更多的責任，負責景點的訊息，訂飯店，交通…等，這是 a+B 的階段；到最後一個階段，孩子長大了，有他們自己的生活方式，這個時候，最好的方式就是大家談出一個大方向後，就放手讓他們完全的規劃執行，這是 B 的新世

界，也是我退休後和孩子們互動的模式。這是一次的「寧靜革命」，沒有「大破大立」的驚天動地的流程，只是世代交替，順勢而為，一團和樂。

3. 公眾參與（Public Engagement）

我們在上一章有詳細的說明，在「精進」環節裡，我們會看到更多的參與，授權，賦權的互動模式。

4. VIA 價值啟動

在「換軌」或是「精進」，VIA 都是必要的一環，哪些可以延續（Carry on），哪些必須捨棄或是放下（Let go），哪些必要新學習和新創造（take on），然後才能向前行（Move forward）。

在底下的案例裡，我們會看到他們是如何使用這些技巧。

◆ 案例 1：日本航空的再生

2010 年 1 月 9 日宣告破產，員工頓時失去精神上的依靠，外來責難，離職，資遣，減薪，工作量加重，組織變動不確定性，企業內部瀰漫一股消極氛圍，稻盛和夫的領導轉型，他最初是被冷眼旁觀排斥因為他不是行業內的人，不用專家顧問的

意見，他選擇用「精進」而非一般的「轉型」策略，專注在他自己的經營哲學，他強力安排「領導人學習會」進行精神層面的改變。當然他也看到組織內部的問題，比如說沒有共同價值觀，現場員工缺乏參與經營企劃意識，經營團隊與現場員工間有很大距離；無法站在客戶的立場思考，現場沒有領導，沒有橫向領導；沒有成本意識；事業的計劃自己無法參與執行，也就沒有承諾；別的部門如同其他家企業，沒有橫向合作，對他人部門不予評論也不接受他人對自己部門的評論；工作手冊為最高指導原則；經營者不到現場，太驕傲和太自信…等。

　　這些因素足以搞垮一家大企業，我們特別要探討的重點是它如何再起？稻盛和夫的秘訣在於「精進」而不是「換軌」，他們的精進信條是：

- 做出不亞於任何人的努力。
- 謙虛不驕傲。
- 度過自我反省的每一天。
- 感謝自己能活著。
- 累積善行與利他行為。
- 拒絕情緒上的煩惱。

◆ 稻盛和夫的成功方程式

- 思想 x 熱情 x 能力＝成功（思想就是企業的文化，哲學，價值觀，態度，理念），

- 總經理給員工的信，社內報的內部溝通，

- 員工參與願景建設：我們要爬那座山？

- 組織間壁壘的破除：由高階主管間的對話合作開始。

- 精英幹部的尊重：危機感，人品改變為先，用感謝的心，努力工作…

- 以客戶為尊：內部和外部的顧客。

- 後勤心態的改變：由「低事故，低錯誤，低故障」轉變為面對客戶的需求，「安全，準時，服務，品質，價值」。

- 定期檢測自己的工作：內外在環境有改變嗎？客戶的需要有改變嗎？系統需要更新嗎？我們需要有什麼不同的做法？

- 全體員工主動創造附加的客戶價值。

　　在這個案例裡，我們看到許多員工參與（PE）的機會，也看到三明治法則的踪影，不在大破大立，而是回到企業經營的最基本原則，用 3R 的精神將它們找回來並實踐出來。

	績效			
	員工創造客戶價值	主動積極	目標管理 MBO, KPI	價值鏈整合（夥伴關係）
外在改變	跨部門合作（上下左右）	Role Model 角色典範	顧客經營（內部/外部）	組織規劃參與
	員工的行為模式	主管的領導力	對數字的管理用心	當責心
基礎架構	組織變革 / 以客為尊 / 以身作則	數字管理 / 現場領導	溝通平台 / 環境改善	手冊應變 / 主管聚會 / 組織連結
精神基石	領導人學習會（企業文化），企業經營哲學建設			
啟動	Be the change, Design to change & Lead to change（領導人）			

日 本 航 空 的 再 生

◆ 案例 2：重現組織的珍寶 IBM

在 1990 年代初期 IBM 極盡風光，可是到 1993 年變得岌岌可危，可能面對的損失高達 160 億美元，當時的 CEO 馬上祭出殺手鐧，減薪裁員，組織分割，賣資產…等標準管理工具，董事會也沒有閒著，在 1993 年 4 月宣布新的 CEO 葛斯納（Louis V. Gerstner）到職；在這個百廢待舉，岌岌可危的關鍵時刻，新的 CEO 沒有採取傳統「換軌」的「大破大立」，而是

用「精進」策略，這是他當時在高壓力下所做的決策，挽救了這家企業；他在 2002 年離職時，寫了一本書叫《誰說大象不能跳舞？IBM 的一次歷史性轉型》（Who says elephants can't dance ?Inside IBM's historic turnaround），他有資格說出這番話，這是一次勇敢的冒險。葛斯納採取了四個大膽的策略決策：

- 組織不能分割，而且還要合作更緊密。
- 重建 IBM 的使命和願景：成為一家客戶導向的電腦科技解決方案供應商。
- 將它最賺錢的核心產品（S/390）降價，面對市場的競爭。
- 重建領導團隊：除去驕傲的心態，建立目的和使命感。

由知識層面來說，這些策略和作為對我們沒有什麼特殊的意義，大家都是耳熟能詳，但是在這個大企業的關鍵時刻，還膽敢使用這個策略，需要高度的勇氣和智慧，他做到了。

◆ 案例 3：JC Penney 轉型失敗

在 2011 年 11 月，JC Penney 迎來當時零售業的當紅炸子

雞蘋果公司（Apple Inc.）負責全球蘋果直營門市店資深副總裁隆強生（Ron Johnson），他在蘋果直營門市店裡創造了許多的奇蹟，除了亮麗的業績之外，他將蘋果直營門市店由銷售據點轉型為蘋果粉絲們的體驗遊戲場，在七年的經歷裡，他做了許多的革新，讓每一個門市店業績和服務都屬第一，遠遠超過名牌商品店。

他到任到 JC. Penney 的改革策略就是沿用蘋果的策略：「翻轉，換軌」，他企圖翻轉忠誠消費者對「消費體驗」的重視，不再有打折和大減價，只有一個「合理」的價格，他甚至企圖努力想「教育消費者」讓他的策略能被接受，但是他沒有機會看到那個願景，在 2013 年 4 月，他被迫離開；老將再度回鍋，第一個動作是向顧客發出正式的道歉，回到往日的道路上，這個換軌改變以鬧劇收場。

我們私下事後在思考，如果他不用「換軌」的策略，而改用「精進」的路徑，會有什麼結果呢？

◆ 案例 4： Toyota 員工手上的那顆紅色按鈕

有一陣子豐田汽車（Toyota）材料部件品質常會有瑕疵出現，他們採取的解決辦法不是「換軌」策略，大破大立的面對設計和品管流程做整修改變或是強化檢驗管控，而是在每一個

生產流程的員工旁邊加上一顆紅色按鈕，採取「精進」策略，將這個權限交給第一線的員工，只要有任何一個人看到一個可疑的品質瑕疵，可以馬上按下這個按鈕，整個生產流程就停頓下來，專業人員會馬上來面對這個問題，找到它的根源，提出解決的方法。

　　開始時，還是常常停生產線，最後就較少發生，品質也回歸正常了；這是我們常聽到的企業「當責（Accountability）」的精神。

　　我喜歡用網絡上的一張圖片來分享這個心情（如圖），這是在美國一次的開玩笑比賽，主題是「這不是我的工作」，結果這張照片奪魁；它的意思是如果大家的目標就是將自己的事做好而不管其他相關性或是跨部門的事，因為這才是我的績效，那路上的那個動物死屍我就可以坐視不管了。我們組織裡是否有這個現象呢？如果有，那你會怎麼處理呢？「換軌」還是「精進」策略？

　　有人說這是「公司裡的粉紅色大象」，大家都知道也感受到不方便，但是就是沒有人願意說出來或是處理它；我常要求便利商店或是賣場的店長做這個測試，將一個紙屑丟在賣場最明顯的地

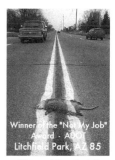

"Not My Job"

方，看多快會有人去撿起來，他們又是誰？這是一個很重要的指標，這是組織文化的一環，不要將它變成潛規則，而是要將它外顯，說出來並給予激勵，這是上一章我們提到的「學習改變，自我改變，設計改變，領導改變，持續改變」的標準流程應用。

◆ 案例 5： P & G（寶僑家品）和消費者合力共創

公司裡的許多人都在關注他們的創新平台：WWW. PGConnectdevelop.com。它也是這家企業和消費者直接合力共創的典範，它也是「精進」的成功案例之一。

P&G 是一家消費品公司，它的許多創意會來自消費者的需求，我定義它為「痛苦點，甜蜜點，盲点」，這來自體驗而不是實驗室，寶潔有明確的規範如何和他們合作，建立一個清晰的疆界，他們做什麼，不做什麼？比如說：

- 我們現階段需要最急需什麼創新？我看到許多的專家針對這些專案提出見解；如果被採納，可以想像它可能的回報。
- 如果你的點子沒有符合這個需求，那你的想法是什麼呢？

- 不只在技術層面，其他還包含服務，商業模式，和其他相關的領域。

◆ **案例 6： GE 在開發中國家市場的精進策略**

　　許多國家開始很嚴肅的來面對開發中國家的市場，特別是在巴西，俄羅斯，印度，中國，南非等國，我們看到許多跨國大企業在中國，印度做本地研發的工作，不只是外包的專案，而是做「開發中國家市場產品」的研發，最先進技術的產品不見得是最合適的產品；我來舉一個 GE（奇異集團）醫療事業部的新產品案例。

　　一般在開發中國家，醫療體系有兩個層次，一個是大醫院，病人來醫院看醫生，另一個是小城市或是鄉下，醫生去看病人的門診服務，第二種的市場非常的龐大，但是以前都是赤腳醫生的服務，一般的醫療儀器又重又貴，他們有的就非常的簡陋或是根本沒有帶儀器設備，特別在中國或是印度；GE 在印度的研究開發中心就針對這個市場開發出來許多簡便型的攜帶式醫療器材，讓醫生能攜帶到交通工具缺乏的病人住處做門診，這是另一種的「Reverse Engineering（反向開發）」，這也是「精進」式的轉變。

RAA 時間 ：反思，轉化，行動

- 我們暫停休息一下，你到目前有什麼感受呢？
- 看到這些案例，你有什麼新想法呢？
- 你的組織可以有什麼「精進」型的改變機會呢？

　　以上的幾個案例都是大企業大格局，如果你還沒有特別親切的感覺，我們來觀察一些你我身旁發生的「精進」變革案例。

◆ 案例 7：7-11 的寧靜革命

　　我們來問自己一個簡單的問題：「在過去幾年你有感覺便利商店的改變嗎？」我相信每一個人都親身在體驗着，也可能以前沒有特別的感覺，但是經過這一問，大家可以寫出一籮筐的改變點，整體的便利商店行業同時都有相似的改變，我們就用 7-11 來做個範本吧，

　　我們先來問自己幾個問題，「在你家附近的 7-11 還是 7-11 嗎？或是已經是 7-24 了？」，我相信這個品牌的創辦人事先也不會知道也會有這麼大的改變，這個改變是「換軌」還是一場的「寧靜革命」？．再來問「你觀察到它們做了什麼改變？」，更

重要的是「因為他們的改變，你自己也做了什麼改變？」；這是常見的標示「洗手間只限客人使用」，但是今天在街頭不再為這個煩惱了，就是找間 7-11 的店，當然還不忘買一瓶咖啡果汁或是水，中午要吃簡單一點怎麼辦？就來個 7-11 的涼麵吧，50 塊錢有找；晚上要看電影，買票要排隊耶，怎麼辦？家裡的水電費，管理費去哪裡繳？對了，要休閒一下，來一杯咖啡，到 7-11，還有茶座呢？

　　以前的便利商店賣的東西對我都是可有可無的東西，今天的便利商店，我不能沒有它。它有在改變嗎？它的改變也正在改變我們的生活方式，你有察覺嗎？

◆ 案例 8：三創型企業（創意，創新，創業）

　　這三個元素在每一家企業都會存在也都重視，但是如何開展呢？是「換軌」換腦袋的改變好呢？還是「精進」式的寧靜革命？這是一些案例。

　　我有一個教練的客戶，他公司內部有一個網上的「三創平台」（代號），這是員工間的交流平台，不只是關係的交流，更是思想意念的交流，組織認同員工平常有 10% 的自由發想時間，他們將討論的內容分成三級：第一是和你自己工作相關，第二是和企業業務相關，第三則是可能未來和企業會有相關，可

以將自己的想法放到網上，有 SIG（Special Interest Group）
小組討論，有公開的議題分享或是請求幫忙，就是這樣不斷的
你來我往，熱鬧非凡；最精彩的是在每一個季度末，他們會有
一次的票選，選出前十大熱門主題，來個現場報告，就有機會
拿到獎金或是其他發展的機會，這是企業裡學習技術長和人資
長共同負責的項目，他們共同看技術創新市場和組織改變的機
會；在這百花齊放的平台裡，你會聞到員工對於組織和市場的
不同看法，這就是好的題材。

　　留住人才的最關鍵氛圍就是要讓員工能參與，有空間，有
成長和個人感受到自己的價值；這個平台除了達成「精進」的
目的之外，更提供組織發展所需要的養分。

◆ 案例 9：城市環保綠化

　　一個城市的環保和綠化不能靠法規限制，據我所知，面
對交通堵塞和城市環保的困境，北京和新加坡靠收高規費來嚇
阻或是壓制汽車數量的增長，但是台北市有另一套的做法，
U-Bike 加上捷運和公車的便捷，讓上下班的人感覺不必要再
開車了。有些城市的捷運或是地鐵不成網，或是在最後一里路
沒有解答，如何連接捷運車站和上班地點的交通？便捷的公車
和台北的「UBike」（租借自行車系統）是非常好的答案；這

也改變我們的生活方式了；一個文明城市的建造需要靠不斷的
精進改變。

RAA 時間：反思，轉化，行動

- 以上都是我們身邊的案例，你有什麼感受？
- 你可以做什麼精進型的改變呢？
- 我們接下來開始走進你個人和你的組織的世界，你
  能和你願意做什麼改變呢？

◆ 企業組織內「精進」的可能提案

1. 由「一言堂」到「多元（Diversity）化」異見表達的改變。

每一個組織都在經歷這無形的變革，由「老闆說了算」的決策模式走向「員工參與」的 PE 模式；如何平衡權力和愛的運作，讓組織更溫暖呢？

2. 由「員工滿意度（Employee satisfaction）」到「員工投入度（Employee engagement）」的改變。

員工滿意度的調查重點在於「員工對企業的期待」，這是收取；員工投入度的調查重點在於「員工的參與，貢獻，機會」，這是付出，這是組織改變的一個重點，但是如何做到呢？

3. 由數字化 KPI 的績效評估到多元的職能績效評估。（Functional base Performance Appraisal）

傳統的績效評估很具體簡單公正，但是好似我們展示的圖片，在跨領域跨部門的事就沒有人關心了；另一個困境是傳統的績效在關注短期的效益，而缺乏長期的發展，比如說導師制度的參與和奉獻就是一例。

4. 由培訓到學習的人才發展。（Training， Learning，Mentoring，Coaching）

人才的發展有多元多面向，而不是齊頭式的做法，我們必須再回歸基本的問題「我們人才發展的策略是什麼？」培訓是知識，學習是能力，導師是傳承，教練是開啟，這是多元化的時代，面對不同階段的人才發展，你的組織會這麼應變呢？

5. 信任關係（Trust relationship）

信任是一切活動的根本，你願意調查一下，你組織裡的領導人受尊敬信任嗎？對於一個不受信任的主管，你覺得他們會有高績效嗎？你又將如何面對？

◆ **其他領域的精進發想**

1. 學校使命的重新定義

學校是知識傳承的主要場所，更重要的是它也是一個「學習如何學習和思考」的場所。我們所謂的好學校是定義在學術上的專業領域，但是更重要的是社會對學生們的期待是什麼？除了能力之外，還有其他重要的元素嗎？我們看到許多的老師們在「翻轉教育方式」，這是一個好的開始，這是「精進」的機會。

2. 圖書館使命的重新定義

這是我最近體驗最深的主題，圖書館的目的是什麼？藏書，讀書，借書，還有嗎？我在海外看到更多的「學習活動」在圖書館裡展開，小組討論，多元媒體的播映和團體討論，讓文化走入社區和人群，讓圖書館是由知識轉化為智慧的場所；這是「精進」的機會。

3. 公部門的「公眾參與」能力

這個確實是有些難度，我最近看到一篇文章，開玩笑的解讀新 CEO 的角色之一是 Chief External Officer（外部溝通最高長官），許多專家或是政府官員不善於溝通，本來是有誠意來開放討論的機會，但是因為人的情緒將氛圍搞砸了，這些活動最好還是有位外部教練來協助會更順暢；一個成熟的社會，

公眾參與和溝通已是必須，不只要關心自己個人或是小我群體的需要，在教練的引導和挑戰下，如何能提升高度而兼顧到大我的社會責任，如何藉著公眾的溝通（PE）建立共識，才做出最後的決策？「公眾參與」式是精進的一小步，社會成熟的一大步。

4. 非營利團體（NGO），社會型企業的精進

以前的非營利事業有許多是以救助為主，針對需要幫助的特定人群給予幫助。現今的 NGO 則是「幫助他們有謀生的能力」；以前給魚吃，現在是教他們釣魚的能力，喜憨兒基金會是個案例，在捷運站口販賣的《大誌》雜誌（The big issue）也是個非常好的典範。

"組織精進的新挑戰與寧靜革命"

1. 在「精進」領域裡，每一件小事就是大事：一個主管要能沉的下去，浮得上來，臨機應變，掌握全局。

2. 在「精進」的領域裡，要低調要沉穩，沒有短期的獎賞，但卻有長期的果效。

3. 在「精進」的領域裡，「No surprise（不要讓人嚇一跳）」，溝通要透明，事先溝通，先磨合同步而不是

事後的抱歉。

4. 在「精進」領域裡，要勇於公開提出並趕走組織裡無形的「粉紅色大象」，那些大家都知道但是不屬於任何人責任，模糊地帶的問題。

5. 在「精進」的領域裡，要努力由「就事論事」走進「有溫度的合作夥伴關係」，開啟創新和內部創業的文化。

6. 在「精進」的領域裡，「公眾參與」是需要學習的關鍵領導力。

7. 這「精進」的領域裡，任何人，任何事，任何時間，都是「精進」的好機會。

這是個翻滾的世代，正由「管理」走向「領導」，由「成本管理」走向「價值創造」，我們的組織 DNA 也需要精進，我在本章最後簡單再列出幾個項目，就算是拋磚引玉吧！

- 員工的績效評估制度（PA）
- 高潛力人才（HiPo）培育的機制
- 人才快速通道
- 創新組織的建設
- 跨世代的領導力

- 跨文化的領導力
- 國際化經營人才庫
- 其他

RAA 時間：反思，轉化，行動

- 你個人能定義一個「精進」改變的主題，開始領導改變嗎？

7 章

一個教練的合作共創旅程

教練就是一個「喚醒生命，感動生命，成就生命」的共創旅程

"喚醒：叫我「陳教練」"

　　一家服務型上市企業的老總要員工稱他為「教練」而不再是以前的「Peter」更不是「老總」，這是一個大轉變，這也陳述著一段的管理歷史；「老總」的世代代表著在工業化時期組織裡的「權威」和對「權力的尊榮」，他是「大家長」；慢慢的西風東漸，權力也傳承到第二代，我們有過一段非常溫暖的日子，中英夾雜直呼名字，「David, Tim, Peter，……豪威，大剛，文慶…」，這是夥伴關係；最近我體驗到「教練」的抬頭正在興起，面對三代同堂的經營環境，主管們希望藉由「教練」培育更多的「將才」，教練型主管包含有「權力」和「愛」的元素，經由「虛己，樹人」來創造一個「高效高活力的團隊」，這抬頭的轉變代表著領導人對工作開展的意義和承諾。

　　身一個教練，常常會有人問我：「教練是做什麼？他有什麼價值？」我的回答可以很簡單也可以很複雜，簡單的答案是「教練是幫助一個人或是組織做有意識的改變，如果他或是他們願意」；複雜的答案是「教練的目的是喚醒生命，感動生命，成就生命」，「教練是一盞燈，一席話，一段路的旅程」，「教練是和學員合作共創，做抵擋（Resist）、移除（Remove）、恢復（Restore）和更新（Renew）的工作」。

改變是我們每天都在經歷的流程，只是我們沒有察覺，它可以是「新的目標，新的策略，創新，突破，成長，精進，應變…」，改變是我們生命的新常態，可是我們人的本質有一個特質是「拒絕改變」，我們會問自己「東西沒有壞，為什麼需要修理？」「我現在很好」，「如果我常常改變，那我還是我嗎？」「改變需要特別的能量和努力，會很辛苦，何苦呢？」「你說的我都知道」，「追求完美，我做不到」，「為什麼單單要我改變，這不公平」「我自己會改變，不需要你告訴我」，「我正在專注做好一件事，不要打擾我」，「這件事與我無關」…我們可以找到一籮筐合理化的理由告訴自己這件事不急，有空再來處理。

" 我現在過得如何？"

我們生活在幾個可能的情境裡，在不同的主題可能有不同的情境，但是它會互相影響，比如婚姻，事業，家庭，健康，交友，學習成長…等：

- 我目前很好，不要打擾我，
- 我卡住了，我好悶，我需要協助，

- 我必須要跳開這個框框，讓我重新想一想，
- 我找到自己的新方向了，重新得力，再出發。

RAA 時間：反思，轉化，行動

- 針對不同的主題（婚姻、事業、家庭、健康、交友、
  學習成長……），反思你目前的狀態如何？需要做
  改變嗎？

"我需要改變嗎？如何找到改變的主題？"

對自己感覺良好的人會比較困難感受到自己所需要的改
變，他們會認為一切都是在自己的掌控之中，我很好的感覺特
別的強烈，在很多時候我們確實會有這種幸福的感覺，對於這
種狀態的人，如何找到改變著力點呢？底下的圖表是一個教練
的自我覺察的框架，我們常常陷入「自我感覺良好」的陷阱裡，
如何強化自我覺察，來找出「換軌」和「精進」的著力點？

◆ 1. 自我覺察，自我發展

自我的覺察

	I 自我	You 你	We 我們
Awareness 覺察	Awakening 自我覺醒	Empathy 同理心 Trust 信任關係	Engagement 投入
Development 發展	Self-Leadership 自我管理領導	Cooperation 合作	Teamwork 團隊

被冒犯的時候：

冒犯是「自己心中的傷痕無意中被第三者碰觸了，自己覺得很受傷」的感受；除非你是完人，否則難免被冒犯，這個時候就是我們回來覺察自己的時候了，找到自己內心深處的痛點，是什麼，為什麼，該做什麼？它可能是情緒，易怒，容易被誘惑，被動，被動，對名利和權力的貪婪，外來的壓力…等，只有當你親身經歷過它時，才能清楚的察覺。

有個年輕人問我「你覺得最被冒犯的行為是什麼？」，我不假思索的告訴他「在課堂上滑手機，在一起討論事情時不專心，在滑手機」，他眼睛瞪得大大的，告訴我「很多人都是這樣啊？」，我告訴他「不是全部人」，滑手機是個個人不經意的行為和習慣，但是對於當事人會覺得被冒犯，讓我覺得「在當下

當下我對你不重要」，它可以發生在會議桌，家庭的餐桌，或是和他人的相處時刻。這要在意識清醒的時候，自己做個決定「我不帶手機上餐桌或是會議桌」，將它留在外面桌子上，因為沒有什麼急事會比在餐桌上的對話重要，在餐桌上滑手機會破壞我們的家庭關係；外面的環境有許多的誘惑，家裡的電視是另外一個，許多人一下班就攤在電視機前，吃零食，大家也都知道這不好，如何破除呢？就是要建立一些好的習慣來補足「無聊時間」的缺口，比如說「一起做飯，整理廚房；一起散步，一起上健身房，一起聊天的時間，每天也給自己和家人一段安靜獨處學習和休息的時間，每週有計劃的戶外活動，一起種花遛狗⋯」，環境給我們的誘惑很大，除非我們離開這些環境，否則很難抗拒它給我們的吸引力，「肉體的情慾，眼目的情慾，今生的驕傲」這是聖經裡的話，但是也是真理。

個人的品格和個性的精進：

今天早上我讀《聖經》，看到這樣的一些話語，「不輕易發怒的，勝過勇士，制服己心的，強如取城」，「敗壞之先，人心驕傲，尊榮以前，必有謙卑」，這裡給我謙卑和驕傲的學習，對我就是一些自我改變更新的著力點；如何讓自己更誠實，謙卑，忍耐，有愛心，做個有智慧的人，這是一生的功課；我

們有一位教練朋友將自己在品格要精進改變的主題和流程，放到我們日常使用的行事曆裡頭，讓他自己每一個月每一周所要達成的改變目標，做有意識的覺察和事後的反思，也邀請幾個好友定期的來檢驗他的改變，這是有意識的做操練和精進。

　　我相信每一個人在任何時候都可以找到自己的著力點；在自我成長裡，我們可以面對自我的「主動積極，凡事以終為始，要事優先」；作為一個組織領導人，我們要面對的是「要能雙贏，要先傾聽對方的說法再闡述我的看法，要整合做決策」，最後就是「要不斷的更新成長」，不斷問自己：「這個詞對我的意義，是什麼，我還可以做什麼？」這是我每一周的功課，不斷的精進，不斷的學習。

◆ 2. 強化「你—我」的關係

- 如何建立信任關係
- 如何能有同理心，實踐出「與成功有約」裡頭的「要能雙贏，要先傾聽對方的說法在闡述我的看法」
- 互助合作關係

◆ 3. 強化「我 - 我們」的關係

這可以由你個人的角色，或是以一個組織領導人的角色來

探討：

- 員工對組織的承諾和投入：如何能使自己和員工更投入？

- 如何建立一個高效高活力的團隊？

- 以上這些課題都是非常具有挑戰性，不管是對於個人，或是組織領導人而言。

你可以因此找到自己的改變課題了嗎？

" 可改變的關鍵時刻 "

清楚的「覺察」改變的主題和動機後，我們還需要找到改變

RAA 時間 ：反思，轉化，行動

- 在「面對自我，我和你，我和我們」三個範疇中間，你能否找到自己改變的課題？是什麼，為什麼，你想做什麼改變？

的動力,那就是「時機的急迫性」,才能開始面向 VIMA(願景、企圖心、動力、行動),上圖是一個改變流程的濃縮版:

- 覺醒是知道「我需要改變!我厭惡目前的處境,我必須突破!」
- 急迫是「這件事對我關鍵重要,緊急!」
- 願景是「清楚的『看見』改變後的情境和價值」。
- 企圖心是「願意將這件事變為最優先,使命必達。」
- 動力是「有熱情,願意承諾,投入資源(時間,資金)

在這件事上」。

- 行動是「勇於跨出第一步，採取行動，也願意對後果負責」的精神。

" 感動領導 "

動機來自於我們的心思意念，或是來自於外在的一個訊息或是刺激，但是如何成為我們的行動？它需要有感動的力量。

感動來自於我們的「心思意念」或是或是外在的訊息和我們「心中隱藏的價值看法」產生「共鳴（Resonance）」，它可以是「人性的基本價值」，「個人的價值觀」，「社會價值」或是「團隊價值」…等等，它可能是個人的基本理念，宗教信仰，政治立場，民族或是種族主義；如果及時加上「熱情」的火苗，那將產生不可抵擋的力量；它可以正向或是負向的操作，領導人的一段有關願景或是激勵的話，組織改變的力量就由此而生；一個愛國主義者也是和自己的信仰或是民族情操產生共鳴，才會願意犧牲生命赴湯踏火在所不惜。

一個奧運得名選手在領獎時，聽到演奏國歌，看國旗冉冉升起，心中的感動將是自己努力的最佳回報，這是和個人心中「為國家爭光」的高貴情操起了共鳴；人類有許多共同的價值，

這是隱藏在你和我心中的價值情操，當組織氛圍或是領導人的理念越和這些價值連結時，他越能引起共鳴，他所能影響的範圍就越廣，領導力也越強越有效。

人類的共同價值觀

- 探險精神 (Adventure)
- 企圖心 (Ambition)
- 自主權 (Autonomy)
- 承擔責任 (Accountability)
- 舒適 , 快樂 (Comfort, Happiness)
- 競爭 (Competition)
- 合作 (Cooperation)
- 勇氣 (Courage)
- 創新 (Creativity)
- 同理心 (Empathy)
- 公平 , 正義 (Justice, fair)
- 靈活 (Flexibility)
- 自由（Freedom）
- 慷慨 (Generosity)
- 和諧 (Harmony)
- 坦誠 (Honesty)
- 成長 (Mastery)
- 新鮮 (Novelty)
- 忍耐 (Patience)
- 和平（Peace）
- 合理 (Rationality)
- 安全 (Security)
- 意義 (Significance)
- 傳統 (Tradition)
- 智慧 (Wisdom)
- 其他

◆ 改變的策略選擇和實踐

改變的目的是 4R：「Resist（抵擋誘惑），Remove（移除障礙），Restore（重建初心），Renew（更新再造）」，我們可以使用不同的方式來達成，在本書裡，我們提出兩個改變的模型：

- 大破大立的「換軌」改變，
- 寧靜革命的「精進」改變。

這兩個策略並不互相排斥，它可以共存，舉個例子來說：

如果我們在年初給自己設定一個大破大立的換軌改變主題「由人資專業轉變成為內部教練」吧，這是一個「換軌型」的改變，它要經過五個流程：心裡預備期，行動預備期，行動期，邁向巔峰期，持續向前期；在每一個階段的目標下，我們如何達成？在「價值啟動」下，我們如何做轉化學習和更新？它會用到「精進」的法則。

" 你預備好改變了嗎？"

改變有許多關鍵的元素，在個人和團隊的改變過程中也會

RAA 時間：反思，轉化，行動

- 針對你的改變課題，你的感動程度有多高？（1-10 分）
- 你所選擇的改變策略是什麼？什麼時候採取行動？

有些許的不同，在轉變的策略上也會有不同，以上所列只是一些關鍵詞，供讀者作為檢查的參考。

改變成功與否，最重要還不是這個流程，心思意念的轉換才是重點，相對起來，這些流程算是配套措施吧。

美國高爾夫球星老虎伍茲（Tiger Wood）最近幾年努力重返球場再展雄風（2015 年），可是在過去兩年一直無法如心所願，在 2014 年下半年還有幾次半途退出比賽，專業的教練對他的看法是：

- 他沒有預備好：老是在換教練，球路不斷隨著教練的不同在改變，一直無法穩定下來，這無法打出好球。
- 年紀慢慢大了，他必須找到合適自己的新球路，不能再用過去年輕時的打法。
- 他太專注在技巧而不是找到自己的手感，這好似工程師和藝術家的對比，如果梵谷的成就是以他的畫作數目做基礎，那會是多麼的可笑？
- 沒有熱情和愉悅感了：看他打球，已經沒有感受到那股的興奮和熱情了，他喪失了對自己的信心，過去的名和利對他而言是個壓力，他無法放下，觀眾無法再體驗到他對打球的愉悅感了。

改變的關鍵元素檢查表

元素		個人的改變	組織的改變
動機，動力	Motive, Momentum		
願景，目標	Vision, Goal		
獎酬	Resource, Reward		
優先，急迫性	Priority, Urgency		
心思意念	Culture, Mind-map		
陪伴者	Stakeholder		
行動方案	Action		
價值啟動（強化,捨棄,創造）	Carry-on, Let-go, New learn, Creat		
參與投入的平台	Engagement		
時機成熟	Maturity		
追蹤	Follow-up		

我們在改變的過程中是否也會有這個困境，如何加速的走出來，這是藝術，更多是在心靈裡的一念之轉，在這個關鍵時刻，你需要一位生命教練的陪伴。

最後，我們再來觀察幾個發生在你我身旁的案例：

面對壓力

我們常聽到「過勞（Burnt out）」這個詞，但是許多人無法體驗它的困境和壓力；這是一個年輕的傑出教授的故事，他曾經是優良教師與年輕的終身教授，學校的明日之星。而他也

對自己有許多的期許，自己也非常的努力，是別人的好榜樣，也非常受學生和校長的喜愛，可是他倒下來了，每日靠吃安眠藥入睡，憂鬱和壓力不斷的湧進他的腦海裡，自己也無法承受得住；他現在需要的是「做自己，不再活在他人的期望中」，在這個社會裡，他的目標變成一種渴望和奢侈。

「很多的時候，不是壓力擊倒我們，而是我們處理壓力的方法不對」，「由外往內是壓力，由那往外是生命力」，它的差別就在你我的一念之轉。

傳承接班

一個老總提升了一個部屬成為新部門總經理，結果是其他部門的主管不服，有幾個憤而離職，造成組織裡巨大的風暴，老闆自己也非常的受傷，怎麼會這樣呢？這是一個組織常發生的案例，你會怎麼處理呢？這也是組織改變的一個常見「換軌」案例，你會如何使用那「換軌」五步驟來做好接班傳承呢？

乘法領導：領導力 2.0

一個傑出的領導人的績效不只在於他在任內時的表現，更在他離開後組織的表現，「人才培育，團隊建造，接班傳承」就是主要的課題，這是「領導力 2.0」；「領導力 1.0」是靠主管

自己的魅力和能力來建造團隊，有許多有能力的追隨者願意為他效命，這也是「一將功成萬骨枯」的由來，現在時代改變了，對企業和主管個人的忠誠在慢慢的淡化，取而代之的是「領導力 2.0」是乘法領導，主管除了要努力領導團隊達成使命和指標外，他更要投資更大的心血在「人才，團隊文化和傳承」上，讓他的追隨者長成為下一代的領導者，培育更多的領導者，這是新世代的「乘法領導」；領導者自己需要有「安全感和大器」才能開展到這個境界；對於組織，這也是一個大的「換軌」改變，在面對企業文化和領導力大變革的紅潮裡，你的企業是否預備好了？

" 如何喚醒那些不知道或是不想改變的人？ "

　　人們在短期沒有安全顧慮的時候，往往會選擇活在安逸舒適的環境裡，好似我說過的「在乾旱時期，老鼠在米缸的故事」，當他醒來時已經錯失機會無法跳出米缸了；改變的動機和動力是決定對方是否可被教練？一個專業的教練會告訴你「不要浪費時間在沒有改變動機的人身上。」

　　在商業行為上這是對的，但是身為一個父母、主管或是社會工作者，我們有兩種選擇：放任不管或是**有智慧的喚醒他**，

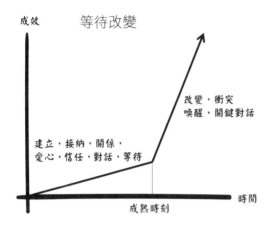

你會如何做選擇呢？

如果你願意做第二個選擇，願意面對這「不可能的任務」，那要如何喚醒那些不知道或是不願意及時改變的人呢？這是一個極大的挑戰，我們的第一個挑戰不是「在不願意改變的狀態下來改變對方」，這是壓迫虐待或是洗腦。

我們能做的是「**幫助人改變自己的心思意念，成為一個可被教練的人**」，這是我們共同的目標：

首先建立「關係，接納，愛心，信任」。這是對話的基礎，等後那成熟的時刻，可能是他面對一個挫折，一個外在因素的變化，一個個人心思意念的轉變或是在對話時他所提到尊重仰

慕的人或是期待的未來，讓他願意開啟心門盡情的分享他的理想和感受，這就是開啟一場教練式「關鍵對話」的時刻，他會不斷有內心和外在的掙扎和衝突，待時機成熟做整合後，下定決心做改變，正式走上教練的旅程；這是一段「喚醒生命，感動生命，成就生命」的旅程，也是教練最高的意義所在。

有人說「我們無法喚醒一個裝睡的人」，一個人不願意改變就好似裝睡的人，要等待時機靠他自己願意覺醒，它根本的原因錯綜複雜，但其中兩個重要的原因會是：

- 無法預見未知的未來，具有深深的不安全感，
- 怕痛苦怕被傷害，不敢跨過這恐懼之河

教練就是這「一盞燈，一席話，一段路」，「喚醒生命，感動生命，成就生命」，「虛己，樹人」，釐清未知陪伴學員邁向未來。

最後，請容許我用一段廣為流傳的禱告文來結束我們這本書有關「改變」的對話：

主呀，
請賜給我能力和勇氣，來改變我能夠改變的，

請賜給我謙卑和溫柔的心，來接納我不能改變的，

請賜給我智慧來分辨什麼是我能改變的，什麼是我不能改變的，阿門

我們必須認同自己的渺小，在大自然母親面前必須要學習謙卑，我們無法「人定勝天」，有些事是人無法改變的，我們需要有一顆溫柔謙卑的心來接納。

改變也不是進手術房，而是用自我覺察的心態，來做「抵擋，移除，重建，更新」的動作，改變我能改變的；在你生命的關鍵時刻，找一個信得過的教練陪你走一段路，這將會是你生命中最重要的一段旅程，祝福你！

RAA 時間：反思，轉化，行動

- 我預備好進行改變了嗎？
- 我需要陪伴者嗎？他是誰？
- 我如何跨出第一步？什麼時間？我會如何堅持達到目標？我現在的心情如何？

大寫出版 In-Action! 書系 HA0071

｜如何讓改變發生｜系列 ③

讓改變發生！——為何創新與轉型常困在最後一哩路？
HOW TO MAKE CHANGE HAPPEN? THE LAST MILE FROM A TO A+

© 2016，陳朝益 David Dan

著　　　　　者　陳朝益 David Dan
行 銷 企 畫　郭其彬、陳雅雯、王綬晨、邱紹溢、張瓊瑜、蔡瑋玲、余一霞
大寫出版編輯室　鄭俊平、沈依靜、李明瑾
內 文 插 圖 素 材　Designed by Freepik
發　 行　 人　蘇拾平
出　 版　 者　大寫出版 Briefing Press
　　　　　　　台北市復興北路 333 號 11 樓之 4
電　　　　　話　（02）27182001　傳真：（02）27181258
發　　　　　行　大雁文化事業股份有限公司
　　　　　　　台北市復興北路 333 號 11 樓之 4
24 小時傳真服務　（02）27181258
讀 者 服 務 信 箱　andbooks@andbooks.com.tw
劃 撥 帳 號　19983379
戶　　　　　名　大雁文化事業股份有限公司

初 版 一 刷 2016 年 9 月
定 價 新 台 幣 320 元
ISBN978-986-5695-58-3

國家圖書館出版品預行編目 (CIP) 資料

讓改變發生！─為何創新與轉型常困在最後一哩路？ / 陳朝益著
初版│臺北市 │大寫出版：大雁文化發行 , 2016.09
272 面│ 15*21 公分│知道的書 !In-Action ; HA0071)
ISBN 978-986-5695-58-3(平裝)

1. 組織變遷 2. 組織管理

494.2　　　105015739

How to
make change
happen?

如何讓改變發生? 系列叢書